话说 **月季文化**

陈红岩
赵世伟
著

中国有九州八极之大，月季有四时盛放之姿。五千年风风雨雨，一个民族与一朵花相濡以沫，携手而行。

仲春的细雨中，她是『一丛春色如花来，便把春阳不放回』的报春使者；

盛夏的烈日下，她是『群芳择日吐芳菲，独有长春逐月开』的阳光美人；

晚秋的清霜里，她是『雪圃未容梅独占，霜葺初约菊同开』的凌霜志士；

初冬的细雪中，她是『折来喜作新年看，却忘今晨是季冬』的雪中飞狐。

U0272010

中国农业科学技术出版社

图书在版编目（CIP）数据

话说月季文化 / 赵世伟，陈红岩著. —— 北京：中国农业科学技术出版社，2016.5

ISBN 978-7-5116-2582-3

Ⅰ. ①话… Ⅱ. ①赵…②陈… Ⅲ. ①月季 – 文化 – 中国 Ⅳ. ①S685.12

中国版本图书馆CIP数据核字（2016）第 076151 号

责任编辑　白姗姗
责任校对　贾海霞

出　版　者　中国农业科学技术出版社
　　　　　　北京市中关村南大街 12 号　邮编：100081
电　　　话　（010）82106638（编辑室）　（010）82109702（发行部）
　　　　　　（010）82109709（读者服务部）
传　　　真　（010）82106650
网　　　址　http://www.castp.cn
经　销　者　各地新华书店
印　刷　者　北京富泰印刷有限责任公司
开　　　本　880 mm×1 230 mm　1/32
印　　　张　5.875
字　　　数　121 千字
版　　　次　2016 年 5 月第 1 版　2016 年 5 月第 1 次印刷
定　　　价　38.00 元

《话说月季文化》著者名单

主著：赵世伟　　陈红岩

著者：大兴世界月季洲际大会执委会办公室

北京市大兴区月季博物馆

前言

月季花的九重春色里，藏着生生不息的中国。

中国花卉泰斗陈俊愉先生曾总结月季花有"五美"，其中每一项美好的特质，都与中华民族的命运紧密相连。

秦汉时代，中华民族南征百越，北战匈奴，崛起于瘠薄的黄土，初列于世界强国之林。

尚显粗朴的汉代园林中，月季花以最原始的姿态降临。《西京杂记》载："乐游苑自生玫瑰树"。面对这份浪漫的馈赠，雄才大略的汉武帝也欣然颔首，留下千金买笑的佳话。于是秋风猎猎的汉代古塬上，顽强自生的蔷薇花历练出第一项美德，其曰：天性强健，生机勃勃。

魏晋六朝，中华民族沉吟竹海，赋咏兰亭，在风雨飘摇的乱世里，陶冶出中国文化的底蕴。

朱楼绣阁的魏晋花园中，蔷薇花演化出更文雅细腻的形态。

梁简文帝萧纲《咏蔷薇》诗云："燕来枝益软，风飘花转光。氲氲不肯去，还来阶层香。"簪戴在江南女子的鬓发上，蔷薇花少了漠漠的尘土气，多了柔柔的胭脂香，拥有了第二项美德，曰：花香氲氲，姿韵优美。

大唐盛世，中华民族清明斗百草，谷雨赏牡丹，在辉煌的盛世里，用花卉彰显泱泱大国的浪漫襟怀。

荼蘼盛放的唐诗里，蔷薇已是浪漫爱情的象征。元稹多情负西厢，辜负莺莺一世情，常在蔷薇花下缅怀伤感的初恋，作《蔷薇架》诗云："风蔓罗裙带，露英莲脸泪。多逢走马郎，可惜帘边思。"白居易母病家贫，三十六岁未娶，只在家中栽蔷薇一株，作《戏题新栽蔷薇》曰："移根易地莫憔悴，野外庭前一种春，少府无妻春寂寞，花开将尔当夫人。"在唐人的眷眷深情里，蔷薇花积累了第三项美德，曰：多情浪漫，意蕴丰富。

两宋风流，中华民族踏雪寻梅，啜茶簪花，在中国文化的巅峰时代，为世界培育出花亘四季、端庄挺拔的第一名花：月季。

月季何其幸哉！诞生在人类文明史上最包容、最富有、最优雅的时代——第一流的东方花园将她涵养，赋予她艮岳寿山的风骨，沧浪池亭的飘逸，西湖烟柳的柔然；第一流的文化巨人将她描摹，留下苏东坡的名诗、姜白石的雅词、宋徽宗的绝世工笔；当然，还有那些籍籍无名，却绝无愧于世界第一流育种家的宋代花工，短短数十年里，就将她幻化成姿色万千的百变佳人，赋予她第四项美德，曰：品种丰富，变化无穷。

明清两代，中华民族富甲天下，兼济万国。笃信"有朋自远方来，不亦说乎"的中国人，从未将月季花视作牟利的商品，而是作为友好的礼物，赠予远方的异国。

告别了熟悉的泥土，一段无花无叶的枝条就是中国月季的行囊；在异国他乡倔强地挺立，不是花期也有一茎清香。因此，欧美国家每一本尊重历史的月季专著上，都有致敬中国的篇章，英国《月季种植大全》深情地写道："中国的园丁以无懈可击的技艺和细心培育出来的植株，使得欧洲育种学家能在很高的水平上开始工作。"在一面面驶往大海的风帆上，中国月季花开出第五项美德，曰：开放包容，海纳百川。

走入现代中国，月季花与和平一起，从遥远的异乡风尘仆仆地归来。

历尽沧桑浩劫的神州大地上，到处都是欢迎她回家的故人：邓颖超把她种在自家的花园里，谢冰心将她写入隽永的散文中，"月季夫人"蒋恩钿拼尽一生心力，让她重新绽放在中国人欢呼胜利的笑靥间。只在短短几十年里，数百种带着中国风韵的新品种喷薄而出，梦回"汉宫秋月"、饱览"天山之光"、重温"长安买笑"、再会"一片冰心"……在外国园艺家眼里，这简直是花卉育种的奇迹；在中国月季人胸中，这不过是一场推迟了百年的心约——月季花在她杏花春雨的故乡，在她小桥流水的故园，与她魂牵梦绕的中华故人相逢一笑，重醉花荫。

中国有九州八极之大，月季有四时盛放之姿，五千年风风雨雨，一个民族与一朵花相濡以沫，携手而行。

仲春的细雨中，她是"一丛春色如花来，便把春阳不放回"的报春使者；

盛夏的烈日下，她是"群芳择日吐芳菲，独有长春逐月开"的阳光美人；

晚秋的清霜里，她是"雪圃未容梅独占，霜篱初约菊同开"的凌霜志士；

初冬的细雪中，她是"折来喜作新年看，却忘今晨是季冬"的雪中飞狐。

细看她的花蕾，犹如跳动的心脏，令手持者有捧心般的悸动；轻触她的花瓣，有丝绒般的质感，带给指尖奇妙的愉悦；在她花心中深深呼吸，浓烈的芬芳直入肺腑，瞬间点燃你的愉悦、想象与激情。难怪台湾作家林清玄在《玫瑰奇迹》中写道："世界原来就是这样充满奇迹，一朵玫瑰花自在开在山野，那是奇迹；被剪来在花市里被某一个人挑选，仍是奇迹；然后带着爱意送给另一个人，插在明亮的窗前，仍是奇迹……人生也是如此，每一个对当下因缘的注视，都是奇迹。"

千百年里，千万中国人与月季花因缘而遇，因情而碰撞出无数心灵的奇迹，汇集在一起，名叫：中国月季文化。

你我，都是这段奇迹的见证者。

你我，都是这段奇迹未来的创造人。

让我们一起去了解那柔情似水的花园皇后，让我们一起去热爱她悠然成长的美丽故乡。

目　录
contents

第一篇

长春之花

风雅两宋育常红
——宋代名画上的月季花

月季一词，始见于宋代。北宋初年，我国已出现四季开花的月季花。

宋代文学家宋祁（公元998—1061年）在《益部方物略记》中写道："花亘四时，月一披秀，寒暑不改，似故常守。右月季花，此花即东方所谓四季花者。翠蔓红花。蜀少霜雪，此花得终岁。"成书于宋代的我国第一部大型花卉类书《全芳备祖》记载："月季花有红白二色，每月一开花。"

据我国近代考古学奠基人之一、前北京大学考古教研室主任苏秉琦考证，仰韶文化庙底沟类型的出土陶器上，已有蔷薇科植物的图案。其《关于仰韶文化的若干问题》一文中指出："植物花纹中，构图比较复杂，序列完整的有两种：第一种，类似由蔷薇科的复瓦状花冠、蕾、叶、茎蔓结合成图；第二种，类似由菊科的合瓣花冠构成的盘状花序……前者构图比后者变化大，传布也较广，差不多到达所有仰韶文化直接影响所及的地方。"苏秉琦由此认为，中华民族最早以玫瑰花为图腾，所谓"华族"即是"花族"。

苏秉琦先生所说的"玫瑰"，应为蔷薇科、蔷薇属野生植物，广泛分布于我国南北各地。秦汉时期，蔷薇属植物开始人工栽培，一年只在春季开花一次。经过漫长的杂交演化，终于在宋代首次出现了能够四季开花的月季花。

《益部方物略记》是宋祁专门记录四川剑南地区动植物的著作，除了本书对四川月季花的记载，宋代还有一幅流传至今的珍贵画作：《岁朝图》（图1-1、图1-2）。作者为北宋四川画家赵昌，他以对花卉描摹准确著称，经常在朝露未干的清晨站在花圃之中，一边观察花木神态，一边调彩描绘，号称"写生赵昌"。《岁朝图》描绘了四川冬季园林中梅花、山茶、水仙、月季同时绽放的景观，正好印证了《益部方物略记》中对月季花"蜀少霜雪，此花得终岁"的描述，毫无争议地表明，我国是月季花的诞生之地，四季开花的月季历史长达一千余年。

此外，宋徽宗论月季花的记载，也说明北宋月季栽培范围已由四川扩展至中原。《画继》载："徽宗建龙德宫成，命待诏图画宫中屏壁，皆极一时之选。上来幸，一无所称，独顾壶中殿前柱廊拱眼斜枝月季花。问画者是谁？实少年新进。上喜赐绯，褒锡甚宠，皆莫测其故。近待尝请于上。上曰：'月季鲜有能画者，盖四时朝暮，花、蕊、叶皆不同，此作春时日中者，无毫发差，故厚赏之。'"

宋徽宗发现，同样一株月季花，在不同季节或不同时间，其花

第一篇 长春之花

图1-1　北宋赵昌《岁朝图》　　　　图1-2　《岁朝图》局部

型、蕊型与叶型均有所不同，这个少年绘制的月季花，正是春天中午开放的月季花。徽宗认为他画得丝丝入扣，符合实际。由此可见，宋代已对月季花一物而多态、一种而千变的美有深刻的领悟，足见当时月季种植之盛。

除了庭园种植，蔷薇、月季还是北宋宫廷簪花的主要花材。现藏于台北故宫博物院的绢本设色画《宋仁宗皇后像》（图1-3）上，中间为头戴九龙纹钗冠的皇后，两侧为满头插花的宫女。从显著的五小叶羽状复叶及花型判断，左侧宫女（图1-4）头上至少簪戴有两种重瓣月季，一种为最下方的粉红色重瓣月季花，另一种为中部粉白色重瓣月季花。另有数种五瓣花朵，也应属蔷薇科植物。右侧宫女（图1-5）头上也簪有两种月季，其一为两朵红色的重瓣月季，位于中部；其二为两朵粉红色重瓣月季，位于右下角。

图1-3　绢本设色画《宋仁宗皇　　图1-4　《宋仁宗皇后　　图1-5　《宋仁宗皇后
　　　　　后像》　　　　　　　　　　　像》左侧宫女　　　　　像》右侧宫女

南宋时，月季已成为主要的宫廷花卉之一。南宋宁宗皇帝赵扩的妃嫔杨婕妤，是我国第一位有记录的女画家，她的工笔设色画《百花图卷》（图1-6）绘有兰花、荷花、蜀葵、月季等13种宫廷常见花卉，其中一幅折枝月季花重瓣、高杯、粉红清透，华丽而优雅，可见当时宫廷月季的育种水平。其画中题诗为："一样风流三样桩，偏于永日逞芬芳。仙姿不与群花并，只向坤宁荐寿觞。"所咏亦符合月季三季开花的特点。此画流传有绪，曾著录于《石渠宝笈·初编》，乾隆时期收入清内府收藏。末代皇帝爱新觉罗·溥仪从北京故宫将此画以赠送其胞弟溥杰的名义携带出宫，后辗转藏

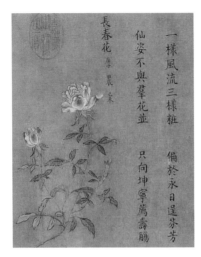

图1-6 南宋女官杨婕妤的工笔设色画
《百花图卷》（月季花）

于长春市伪满皇宫小白楼内，1945年日本帝国主义投降，溥仪仓皇逃亡，此画遂散失于民间，后被收藏家张伯驹先生获得，并捐赠给吉林省博物馆收藏至今。

除了四季开花的月季，宋代还出现了观赏性极强的重瓣大花蔷薇，南宋画家马远所绘的《白蔷薇图》（图1-7、图1-8）应为重瓣黄刺玫。画面中有五朵硕大的蔷薇花，在葱茏的枝叶衬托下悠然绽放，光彩夺目。

马远是"南宋四家"之一，在高手众多的宫廷画院中备受推崇。宁宗皇帝赵扩和皇后杨氏，经常在他的画上题字。王世贞说他："凡远画进御，及颁赐贵戚，皆命杨娃题署。"此所谓杨娃，即杨皇后。这样的大画家，极为细致认真地描摹重瓣蔷薇，足见其在当时园林中的地位。细看此画，可见画家以细笔勾勒出花形，白粉晕染出花瓣，以深浅汁绿涂染枝叶。花的主枝由右下方向左上方斜向伸展，五朵盛开的白蔷薇分布处于主枝两侧，使画面达到平衡的效果。

此外，南宋无名画家绘制有《百花图卷》，长达1.68米，宽0.32米，绘有当时常见的梅花、山茶、牡丹等50余种花卉。其中有一幅折枝重瓣蔷薇（图1-9），小叶5～9枚，枝刺不明显，古人常云："恨海棠无香，恨蔷薇多刺"，此花出现在百花图卷中，花型雍容华贵且刺不明显，应为当时珍贵的无刺重瓣月季品种。该图卷中还有一幅折枝重瓣木香花（图1-10），垂挂一茎，小叶三枚，高度重瓣的花朵单生，应为当时的优良品种。

图1-7 马远《白蔷薇图》

图1-8 《白蔷薇图》局部

图1-9 南宋无名氏《百花图卷》中的无刺重瓣蔷薇

图1-10 南宋无名氏《百花图卷》中的重瓣木香

传奇鸡缸倚红影

——明代国宝上的月季

　　2014年4月8日中国香港苏富比拍卖会上，一件玫茵堂珍藏"明成化斗彩鸡缸杯"（图1-11）以2.8亿港元成交价刷新了中国瓷器的拍卖纪录，买家为上海收藏家刘益谦。他在取货时，甚至还用这件鸡缸杯喝了一口茶而引起热议，一时间天下无人不知鸡缸杯。

　　这只鸡缸杯出自明代成化年间景德镇官窑。成化官窑以其细滑瓷胎流芳于世，为景德镇历朝官窑之冠。成化瓷品常以青花描绘轮廓，点缀各种釉上色彩，即所谓"斗彩"。

　　鸡缸杯外壁，绘有两组鸡群啄食哺雏的画面。两组鸡群均绘一只雄鸡，一只母鸡，三只雏鸡。鸡群之间，分别以兰花与月季花隔开，其中月季花与山石配合，花开三朵，色彩秾丽，姿态婀娜。细看三朵月季花的状态各不相同，一枝盛开，一枝半开，一枝正在凋谢（图1-12）。此外，枝梢间还有一枚红色的果实。月季花期在半年以上，夏秋季节株丛中常可见到花果齐出的景象，鸡缸杯上的三花一果，足见画家对月季的细致观察。

据史书记载，鸡缸杯是成化皇帝专为宠妃万贵妃定制。成化皇帝即位前并不得志，落魄之时，与一位民间万姓丫鬟互生情愫。即位后成化皇帝不忘旧情，封其为万贵妃，两人十分恩爱。万贵妃40岁时，生了一个儿子，但不幸夭折，从那天起，她性情大变，宫里一有小孩出生，万贵妃就立刻加害，以致成化皇帝一直没有后代。

图1-11 明成化 斗彩鸡缸杯

图1-12 明成化 斗彩鸡缸杯上的月季花

有一天，成化皇帝欣赏《子母鸡图》，看到母鸡带着几只小鸡觅食的温馨场景，不禁感慨良多。于是指示景德镇官窑的工匠们按照《子母鸡图》的意境，专为万贵妃创烧鸡缸杯。鸡缸杯上月季花同样具有深邃的含义，既是祝福万贵妃如月季花般容颜常驻，又是希望她管理的后宫能够花开不绝，子嗣众多，这也是画面中有月季果实出现的原因。

万贵妃知道皇帝的用意后网开一面，留下了一个皇子，并继承了王位，鸡缸杯从此具有了传奇的色彩。

除了鸡缸杯，北京故宫博物院还藏有一只明成化斗彩怪石花蝶

图1-13 明成化 斗彩怪石花蝶纹罐

纹罐（图1-13）。罐通体以斗彩装饰，描绘怪石牡丹和怪石月季各两组，相间排列，辅以飞舞的蝴蝶。全部图案均在釉下以青料勾勒轮廓线，釉上填涂红、黄、绿、紫等色彩，给人以清新亮丽之感。虽然该罐上的月季花图案不如鸡缸杯那样的细腻，但从枝叶形态判断，应为月季花无疑。

斗彩被誉为"中国彩瓷冠军"，成化斗彩又是斗彩中的翘楚。明朝人视成化斗彩为瑰宝，清朝人视之为拱璧。在如此珍贵的器物上，屡屡出现月季花的图案，足见其在明代园林花木中的显赫地位。

康乾盛世杯中看

——大清国宝上的月季花

从康熙二十三年（1684年）解除海禁，到嘉庆四年（1799年）乾隆去世，中国经历了长达百年的昌盛时期，这也是中国古代历史上持续时间最长的一个盛世，史称"康乾盛世"。在此期间，中国各民族融合为一个政治、经济、文化紧密相连的整体，社会生产与人民生活水平持续提高，中国月季文化也一如蒸蒸日上的国运，迎来了前所未有的高峰。其最鲜明的表现，即是众多国宝级陶瓷器皿上的月季纹样。

○ 康熙十二花神杯

康熙十二花神杯有青花五彩和青花两个种类，是清代官窑首次将绘画、诗词、书法、篆印结合在一起的杰作。

康熙十二花神杯具有以下两大特点：

第一，文化底蕴深厚。十二花神杯的创烧与康熙年间的花卉巨著《广芳群谱》直接相关。公元1708年，多达100卷的《广芳群谱》出版，该书以明代王象晋编著的《群芳谱》为基础，几乎囊括了中国的全部观赏花木，是当时世界最全面的观赏园艺百科全书。十二花神杯的创作灵感，部分来自于《广芳群谱》，并与其共同掀起了一阵影响深远的园艺热潮。

其次，陶瓷工艺杰出。十二花神杯创烧的年代，正值康熙官窑技术的顶峰时期，即郎廷极担任江西巡抚兼任陶务官时期（公元1705—1712年）。这一时期大量仿古创新、风格各异的新品相继出现，特别是郎窑仿成化的青花、白釉脱胎等瓷器的烧造成功，为十二花神杯这种胎薄体轻、造型俊秀的瓷器名品的出现奠定了技术基础。

十二花神杯排序以水仙花为首，其次为玉兰、桃花、牡丹、石榴、荷花、兰花、桂花、菊花、芙蓉、月季、梅花。月季被列为十一月之花，足见其已成为当时中国园艺的代表性植物。月季花杯以青花五彩（图1-14、图1-15）为饰，一面绘月季花图案，其枝条柔曼、红花袅袅，点缀草木山石、游蜂彩蝶，极富情趣。一侧题写诗句"不随千种尽，独放一年红"，其后钤一"赏"字印。外底圈足青花双圈内，书有"大

图1-14　清康熙 五彩十二月令花神杯：十一月月季杯

图1-15 清康熙 青花十二月令花神杯：十一月月季杯　　图1-16 清康熙 五彩十二月令花神杯：一月水仙杯上的月季花

清康熙年制"六字楷书双行款，字体清秀隽雅。

　　值得注意的是，象征一月的水仙花杯上，也出现了月季花的身影（图1-16）。只见一枝月季花从山石中斜穿而出，绽开红花一朵，与下方的水仙花相映成趣。这朵月季花占据了相当比例的画面，足见当时人们在寒冬腊月里也能欣赏到月季的盛开。

○ 乾隆官窑粉彩月季花纹折扇形挂瓶

　　乾隆皇帝自号"长春居士"，还曾将月季花改名为"长春花"，并在圆明园长春仙馆外广为种植。他正式登基后，为了表达对生母皇太后的孝心，对长春仙馆进行修缮，作为迎奉皇太后的膳寝之所。每逢生辰吉日、各种节会，都要从畅春园接皇太后来此用膳、休憩。他曾以长春堂为题，赋诗祝寿皇太后："常时问寝地，曩岁读书堂。秘阁冬宜煦，虚亭夜亦凉。欢心依日永，乐志愿春长。阶下松龄祝，千秋奉寿康。"

　　现存的乾隆官窑粉彩月季花纹折扇形挂瓶（图1-17），极有可能是圆明园长春仙馆的室内装饰品，瓶身制作成惟妙惟肖的折扇状，可以用来储物或插花。扇面上绘制一枝粉红色的重瓣月季花，恣意伸展，嫣然盛开。

图1-17　清乾隆 粉彩月季花纹折扇形挂瓶

北京故宫博物院中有数量众多的扇瓶藏品，但大多数作品的画片纹样没有署名。这幅月季纹折扇形挂瓶，却明确标示是清代重要词臣兼画家蒋溥绘制底稿并署款钤印的，堪称稀有的圆明园遗珍，这也足见月季花在当时皇家园林中的地位。

乾隆时期，富有代表性的月季纹饰艺术珍品还有玻璃胎画珐琅花鸟图鼻烟壶（图1-18）、磁胎洋彩锦上添花绿地三寸碟（图1-19）及粉彩折枝花卉纹灯笼瓶（图1-20）。

图1-18　清乾隆玻璃胎画珐琅花鸟图鼻烟壶　　图1-19　清乾隆磁胎洋彩锦上添花绿地三寸碟　　图1-20　清乾隆粉彩折枝花卉纹灯笼瓶

14

○ 清宫的珐琅彩与粉彩瓷器

清宫的珐琅彩与粉彩瓷器精美绝伦，深深吸引着康熙、雍正、乾隆三代帝王。据档案记载，他们不仅亲自参与珐琅彩瓷的设计，而且积极主导整个烧造流程。

月季花是康熙、雍正、乾隆最钟爱的图案之一，珐琅彩与粉彩瓷器上也自然出现了大量月季图案，最具代表性的有：

1. 梅花月季图案（图案旁题诗有：*石罅千声随意好，琪花瑶草逐时新*）

2. 水仙月季图案（图案旁题诗有：*数枝荣艳足，长占四时春*）

3. 月季海棠图案（图案旁题诗有：*粉著蜂须腻，光凝蝶翅明*）

4. 月季绿竹图案（图案旁题诗有：*朝朝笼丽月，岁岁占长春/劲节亭亭千尺绿，芳枝长占四时春/数竿风叶影，经暎小花红/数枝荣艳足，长占四时春*）

代表作品如清雍正粉彩过枝月季梅花大盘（图1-21），该作品尺幅恢弘，气势不凡。红梅、白梅、月季三枝由外壁延伸过盘边，直到铺陈于盘心，内外图案连续不断，形成浑然天成的整体。此技法名曰："过枝花"，康熙后期方研制成功，凡运用此法者，皆为

图1-21 清雍正 粉彩过枝月季梅花大盘

品质非凡的杰作。单看盘上的月季花，枝叶风姿绰约，与梅花高低呼应，间以游蜂飞舞，欲落还飞，于动静中饶添野趣。外壁一侧亦有月季绽放，有无限风情。

图1-22　清雍正 珐琅彩月季黄鹂幽兰纹诗句碗

这一时期的宫廷瓷器上，月季花被演绎得惟妙惟肖，甚至其果实都成为独特的装饰形象，足见清廷对月季的青睐。如雍正珐琅彩月季黄鹂幽兰纹诗句碗（图1-22），外壁描绘幽兰、湖石、月季花及两只黄鹂鸟，色彩清新淡雅。在黄鹂鸟站立的山石边，有一株已经结出果实的月季花，傍生一株夏秋季节开放的鸡冠花，无论物候节令或月季的果实形态，把握得都十分精确。

夕阳一抹叹余韵
——大雅斋瓷器上的月季图案

　　大雅斋瓷器是慈禧太后的专用瓷，代表了清末宫廷瓷的最高水平。虽然中国陶瓷在此时已出现颓势，但唯美的大雅斋瓷器，宛若一道霞光在落日余晖中闪过，映射出中国数千年传统文明的辉煌。

　　大雅斋瓷器均为花鸟纹饰，象征四季长春的月季花在其中占据重要位置，例如这幅《藤萝月季花鱼缸画样》（图1-23）。所谓画样，是由内府画工根据皇帝旨意绘制而成，御窑厂以其作为烧造的器形及图案样本。在这幅鱼缸画样中，画师用没骨画法，浓墨重彩，兼工带写，分别绘制月季、雀鸟与藤萝。月季花朵端庄艳丽，花型与现代月季花完全一致，可见当时月季育种的发达。初夏时节，正是月季与紫藤盛开的时节，作者将两者有机结合，描绘出一幅生机勃勃的园林景色。

图1-23　清 大雅斋 藤萝月季花鱼缸画样

图1-24　清 大雅斋 藤萝月季花鱼缸画样
　　　　制作的成品正面　　　　　图1-25　清 大雅斋 藤萝月季花鱼缸画样
　　　　　　　　　　　　　　　　　　　　制作的成品背面

　　本幅画样的右上角黄签题曰："照此样浅绿地藤萝花鱼缸二尺六寸见圆二对，一尺二寸见圆四对，九寸见圆两对。"左上黄签题曰："照此样把碟盘子碗一分；照此样浅绿地藤萝花海碗二十件，大碗三十件，中碗四十件，怀碗六十件，九寸盘子二十件，七寸盘子三十件，五寸碟四十件，三寸碟四十件，长把羹匙四十件，一尺见圆盒子四对，五寸见圆盒子四对，盖碗四十件，参斗四十件，茶碗四十件。"——月季藤萝画样出现在如此众多的器物中，足见清代皇室对月季的钟爱（图1-24、图1-25）。

与此图案神韵相同的还有松石绿地粉彩藤萝花鸟图盘（图1-26），内外壁满敷松石绿彩为地，上方绘过枝藤萝，左下方一丛粉红色的月季葱茏茂盛，或绚丽盛开，或含苞欲放，一只灵巧的画眉鸟栖歇花间，与藤萝、月季构成一幅暖意融融、生机勃勃的春色美景图。

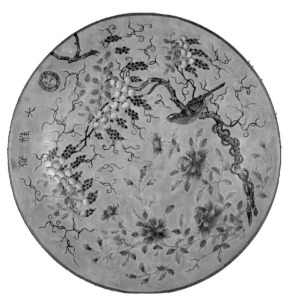

图1-26　清 大雅斋 松石绿地粉彩藤萝花鸟图盘

五

和平使者数"和平"

——邓颖超向美国友人赠送和平月季

1978年5月，北京处处春光如画。人民大会堂里，叶剑英、聂荣臻、邓颖超、康克清等国家领导人，一起会见前美军驻延安观察组成员访华团。抗战时期的老朋友们久别重逢，欢声笑语不绝于耳。

特别引人注目的是，会场里的一杯清水中，悠然地插着一枝浅黄色的玫瑰花，和着青翠的叶片，在茶几玻璃板上投下美丽的倒影。一位美国朋友见了，不仅惊喜地问道"中国也有和平月季？"

图1-27　邓颖超向美国友人赠送和平月季
（来自《美军观察组访问延安60周年纪念》）

邓颖超同志微笑着告诉他，这枝可爱的和平月季是她亲手带来的。1973年，美国飞虎队员奥利渥·欣斯德尔的夫人决定访问中国，感谢中国共产党人当年的英勇营救。她从家乡携带了两株珍贵的和平月季，把它们精心放置放在一个长长的盒子里，一路上小心护持，每到一个旅馆，就设法让它们通风透气。在欣斯德尔夫人的悉心照料下，两株寓意和平的月季花终于安全到达中国，一株送给了毛主席，一株送给了周总理。

"我把它栽在院子里，精心地培育它。"邓颖超同志对美国朋友们说。"这几年，这株月季花每年都开得很茂盛。今天，我特意摘了一朵送给朋友们。这是一枝中美人民的友谊之花。希望我们之间的友谊，像这朵月季花的颜色一样，逐渐由淡变深，世世代代传下去。"邓颖超同志讲完，全场响起了热烈的掌声（图1-27）。

和平月季是世界和平的象征，它诞生于第二次世界大战的烽火之中——

1939年前后，法国月季育种家弗朗西斯·梅昂（Francis Meilland）为躲避战火，将代号'3-35-40'的月季新品种寄到美国。美国园艺家罗伯特·培耶（Robert Pyle）收到了这远渡重洋的新品种后，立即分送给美国南北各地的重要苗圃进行繁殖。

1945年4月，位于加利福尼亚的太平洋月季协会为'3-35-40'号月季举办展览，并要给这个月季品种命名。这一天恰好是攻克柏林的日子。人们一致同意，用世界人民最强烈的愿望"和平"，给这个表现最优秀的品种命名。当年夏天，在旧金山召开了联合国第一届大会，美国月季协会秘书雷·奥伦（Rey Allen）向每一位与会代表赠送了和平

图1-28 '和平'月季

月季，并附言"我们希望以此促进人们致力于维护持久的世界和平"。

如今，'和平'月季（图1-28）已成为久负盛名的月季品种，象征着世界人民反法西斯战争的胜利与和平的希望。初开时金黄色，盛开时转为淡黄，花瓣边缘出现优雅的粉红晕。花朵直径12～15厘米，花型饱满，花香清幽。1944年获Portland金奖，1947年获ARS国家金奖及NRS金奖。

万国重捧中国红

——北京奥运会颁奖花束

2008年北京奥运会及残奥会期间，6000余束"红红火火"的月季颁奖花束在赛场上纵情飞舞。月季花，成为代表中国、代表北京的吉祥花卉，中国月季文化由此迈上了新的高峰。

奥运会颁奖用花，在古代奥运会颁奖授花的基础上发展而来。古希腊参加奥运会的选手，以获得橄榄花冠作为最高荣誉。橄榄花冠是古代奥运会颁奖仪式上最神圣的奖品，也是现代奥运会颁奖仪式上最早的颁奖用花。20世纪80年代以后的奥运会颁奖仪式上，获得前三名的运动员除被授予奖牌，还可获得花冠、花环或花束。这些花冠均以举办国最具代表性的花卉制作而成，是一个国家花卉文化最集中的展示。

北京奥运会及残奥会颁奖花束名为"红红火火"——花束整体呈尖塔状，高40厘米，周径25厘米。9支'中国红'月季构成颁奖

图1-29　以'中国红'月季为花的2008年奥运手捧花（图片来自百度）

图1-30　'中国红'月季

花束的主花材，同时选用6支火龙珠、6支假龙头、6片芒叶、6片玉簪叶、6片书带草为配花配叶，取"长长久久""六六大顺""一帆风顺"之意（图1-29、图1-30）。

月季花，是这束花卉的焦点。其四季常开的特性，象征着中华民族自强不息的民族精神；其国际化的气质形象，预示着中华民族开放包容，走向世界的气度胸怀；其产于中国、服务世界、最终又回归中国的传奇栽培经历，寓意着中华民族重新崛起，实现伟大复兴的光明前景。

更值得一提的是，北京奥运会颁奖花束选用的月季花，是我国拥有完全自主知识产权的新品种'中国红'。与传统的红色月季品种相比，'中国红'花形硕大、花色浓艳、花瓣不会出现黑边或焦边，瓶插观赏天数可长达15天，是世界同类品种中的佼佼者。中国古代月季育种曾遥遥领先于世界，只在近百年里才逐渐衰颓。'中国红'的出现，预示着中国现代月季育种重新崛起。

不仅如此，'中国红'月季的采摘、制作、运输等一系列环节，无不映射出当代中国月季产业的科技之光。为了确保花朵的状态，'中国红'的采摘时间被精确限定在9～11时以及16～18时，采摘后首先使用保鲜液处理，再采用中国农业大学高俊平教授研发的乙烯抑制剂，进行12小时处理。'中国红'由云南生产基地到北京的运输过程均为冷链运输，每天凌晨4时从生产基地出发，乘坐早班飞机直飞北京。

到达北京后，花艺师用'中国红'制成花束，再由专门的保鲜

图1-31　2008年北京奥运会，中国女子体操队的姑娘们在颁奖台上高举手捧花
（图片来自百度）

技术人员进行保鲜处理。花束基部的金色包装纸内，藏有吸附着保鲜液的脱脂棉，运输时再采用特制的恒温箱。通常情况下，月季鲜花干藏最多可维持10天，而经过一系列科学处理的'中国红'，干藏期竟能达到20天以上，处于世界鲜切花产业的顶尖水平。

据统计，北京奥运会和残奥会期间，共使用'中国红'月季1.9万枝，实际生产储备量约6万枝（图1-31）。在这场被国际奥委会主席罗格称为"无与伦比"的盛会中，一朵朵芬芳的月季花，将中国的美丽、热情与友谊传递给了全世界。

七

倩影依依望江南

——中国第一套月季特种邮票的故事

1982年，中国著名邮票设计专家孙传哲开始设计我国第一套月季特种邮票。

第一稿，他翻阅大量资料，画出了不少单朵月季，但效果并不理想；第二稿，他选用1980年北京市月季花评比中的得奖品种，如'明星''香云''和平''金不换'等。为了描绘月季的完整形态，孙传哲背着画板，在各大公园里整整画了3个月。

当他拿着画稿向北京市园林局局长汪菊渊请教时，汪菊渊却说："18世纪以前，欧洲的花园里很难见到一年多次开花的月季，直到1792年，欧洲人才从我国引入四季开花的中国月季。可是，中国的本土月季由于战乱，反被欧美各国培育出的现代月季超越。"汪菊渊建议，我国第一套月季特种邮票，最好采用新中国自己培育的月季品种，不但讲求形象美，更要向人们进行月季文化与爱国主

第一篇 长春之花

27

义教育。

孙传哲接受了汪菊渊的意见，毅然否定了耗费大量心血的第二稿，背起画夹远赴我国古老月季的集中地：江南地区。在这里，孙传哲遇到了新中国第一代月季育种家周圣希等人，收集了21个最新培育的月季新品种，选择其中6个，将它们的倩影永远定格在方寸之间。

第一枚是'上海之春'（图1-32），邮票面值为4分，图案采用上海市周圣希培育的月季新品种'上海之春'。该品种以西洋月季品种'水仙花'作母本，'白骑士'作父本。花色淡粉带微黄，高心翘角，花冠直径可达10厘米，花瓣多达50枚，开花时有淡淡的清香。作为我国近代自主培育的优良品种，'上海之春'曾被上海市月季花协会赠送给美国洛杉矶月季花协会作为交流的礼物，受到对方高度称赞。

第二枚是'浦江朝霞'（图1-33），邮票面值为8分，图案是上海市毛洪元培育的新品种"浦江朝霞"。其花色正面为朱红色，泛着美丽的蓝绒光，背面深红。最突出的特点是生长强健，能抗暴晒。花朵直径可达10厘米，花瓣多达70枚，花势极为繁盛。

第三枚是'珍珠'（图1-34），邮票面值为8分，图案是上海市周圣希育成的月季花新品种'珍珠'。其花色灰白，中间淡黄，瓣尖还有泛着微微的紫晕。花朵直径达10厘米，花瓣多达80枚，花香清雅。最奇特的是，花朵整体有独特的珍珠辉光。

第四枚是'黑旋风'（图1-35），邮票面值为10分，图案是杭州花圃培育的月季新品种'黑旋风'。此花以'墨红'作母本，'白克拉'作父本，花朵墨红有绒光，花瓣多达90枚，极为庄重典雅、神秘高贵。

　　第五枚是'战地黄花'（图1-36），邮票面值为20分，图案是杭州花圃培育的月季新品种'战地黄花'，此花以'伊丽莎白女皇'作母本，'黄金节枝'为父本。花色淡黄，全部开放后有红晕，香味浓郁，花姿雅素，极具清淡圣洁之美。

　　第六枚是'青凤'（图1-37），邮票面值为70分，图案是上海市周圣希培育的月季花新品种'青凤'。其花朵呈青莲色，高心翘角，直径达12厘米，花瓣40枚，花型潇洒动人，花期绵延四季。由于色调清冷素净，故用《聊斋志异》中的'青凤'名之。

图1-32　中国第一套月季特种邮票'上海之春'

图1-33　中国第一套月季特种邮票'浦江朝霞'

图1-34　中国第一套月季特种邮票'珍珠'

图1-35　中国第一套月季特种邮票'黑旋风'

图1-36　中国第一套月季特种邮票'战地黄花'

图1-37　中国第一套月季特种邮票'青凤'

　　我国第一套月季特种邮票，既是中国现代月季文化发展的大事，又是对新中国月季育种事业的一次总结。20世纪60年代，在非常困难的物质条件下，中国月季育种家仍旧培育出'绿云''黑旋风'等优良品种；80年代，尽管受到外来月季品种的冲击，中国月季育种仍旧快速发展，宗荣林、李鸿权、徐进发等个人育种家培育出'怡红院''上海之春'等优秀的现代月季品种，引发世界同行的关注，至2007年，中国自育月季品种已达337个。

一枝香染中国梦

——中国获评"世界杰出月季园"

  2015年，在法国里昂举行的第17届世界月季大会上，北京植物园月季园荣获"世界杰出月季园"大奖（图1-38），北京植物园园长赵世伟当选世界月季联合会副主席，这是世界月季权威组织成立半个世纪以来，首位当选的中国籍官员。

  "世界杰出月季园"是由世界月季联合会组织、每3年评比一次的重要奖项。对各成员国提名的月季园从科学价值、文化价值、教育价值、管理养护等方面进行综合评价，并经奖励委员会投票评比产

图1-38　北京植物园月季园获颁"世界杰出月季园"奖

生，堪称世界月季领域的"奥斯卡奖"——北京植物园荣获"世界杰出月季园"，圆了中国月季人的百年之梦。

图1-39 北京植物园月季园

北京植物园月季园（图1-39、图1-40）位于北京植物园南部，总面积7公顷。从1993年建园至今，已收集1500余个月季品种，是我国北方最大的月季专类园之一。2003年，澳大利亚月季专家劳瑞·纽曼将其一生搜集的珍贵古老月季品种全部捐献于此，累计达200多种。北京植物园开辟专区，建成"中澳友谊月季园"，将全部品种划分为原始种、玫瑰系列、中国月季系列、法国蔷薇系列等十余个类群，系统展示了世界月季的发展历史。由此，北京植物园月季园成为能够横向囊括世界月季品种，纵向梳理世界月季育种历程的世界级月季专类园。

除了丰富的品种收集，北京植物园月季园还拥有两个闻名遐迩的景观：

一是连接月季园主入口与沉床园的"月季走廊"，它堪称中国园林设计"中西合璧"的典范之作。整体上，月季走廊运用中国传统园林的"借景"手法，东望玉泉山塔，西看香炉峰重阳阁。置身其中，宛若身处图画般的天然意境。月季走廊采用西方园林的轴线对称方式，中间以种植区分隔园路，在园路两侧由低到高、分层种植微型月季、地被

图1-40 北京植物园月季园月季造型立体雕塑

月季、香水月季、灌木月季及高大壮美的树状月季，营造出层次分明、变化多样的植物群落景观。

二是直径90米、面积6000多平方米的主景区——沉床园。沉床落差达5米，上宽下窄，以3层缓坡台地式花环，逐渐向底部过渡。每层种植区都以绿篱为背景，中间栽植各类香水月季，在沉床园的最外围布置花架，作为藤本月季展示区。

在月季园东部建立了品种展示区，以阶梯形式进行月季栽培和种植，每到花开时节，层层叠叠，尽显月季的斑斓魅力。

七彩之花

谁言造物无偏处，独遣春光住此中

——中国蔷薇属植物化石遗存与蔷薇属观赏植物资源

我国拥有古老而珍贵的蔷薇科植物化石遗存，无可争议地表明，华夏大地是蔷薇属植物的起源中心之一。

辽宁抚顺出土的始新纪蔷薇叶化石，距今已有4000万年之久，与北美发现的五小叶羽蔷薇化石齐名。山东省临朐县"山旺古植物区"拥有世界罕见的中新世生物化石群，其中发现两种蔷薇叶化石（图2-1），被著名植

图2-1 出土于云南文山蔷薇属植物化石

物学家胡先骕先生命名为"山旺蔷薇"（*Rosa shanwangensis*），距今有2000万年的历史。

近年来，中国科学院在云南文山盆地发现了保存完整的蔷薇属叶化石，经分类鉴定，该化石被定名为一新种：*Rosa fortuita* T. Su et Z.K. Zhou，研究认为，晚中新世青藏高原隆升造就了中国西南地区复杂多样的地形地貌特征，使之成为蔷薇属植物的多样性分布中心之一。

归纳目前掌握的古化石与古花粉孢子资料，可将我国蔷薇属植物进化史划分为以下4个阶段。

一是新生代第三纪古新世时期（距今7000万年）陕西、华东、华中、华南内陆山地丘陵地区，中亚热带半干旱疏林及落叶常绿阔

图2-2　法国画家约瑟夫·雷杜德手绘 月季花（*Rosa chinensis*）

图2-3　玫瑰（*Rosa rugosa*）

图2-4　白花单瓣木香（*Rosa banksiae* var. *normalis*）

图2-5　悬钩子蔷薇（*Rosa rubus*）

图2-6　美蔷薇（*Rosa bella*）

图2-7　黄刺玫（*Rosa xanthina*）

叶林区，林下或林缘出现蔷薇属植物灌丛。

二是始新世时期（距今6000万年）华东近海地区，中亚热带落叶常绿阔叶混交林和针叶林区，林下灌木层中常见蔷薇属植物植株。

三是渐新世时期（距今4000万年）华东近海地区，林下灌木中常见蔷薇属植物。

四是上新世时期（1200万年）陕西渭河流域，山东临朐、辽宁、甘肃、新疆等地的针阔混交林中；天山、昆仑山西部和祁连山针阔叶混交林区；云南北部山区，藏南喜马拉雅地区，亚热带常绿落叶阔叶林中均有蔷薇属植物分布。

据王俊《蔷薇园三杰的起源、地理分布及栽培历史》一文考证。

目前，我国蔷薇属植物在各植被区的分布概况如下。

1. 寒温带针叶林区域（黑河牙克石附近、大兴安岭北部及伊勒呼里山地）

山刺玫、长果刺玫、新疆蔷薇、美蔷薇（图2-6）、刺毛蔷薇、峨眉蔷薇、绢毛蔷薇、大叶蔷薇、裂萼蔷薇9种。

2. 温带针阔叶混交林区域（东北平原以北以东山地、丹东至沈阳一线，黑龙江以南的小兴安岭山地）

黄刺玫（图2-7）、黄蔷薇、阿尔泰蔷薇、中亚蔷薇、宽刺蔷薇、野蔷薇、长果刺玫、山刺玫、大叶蔷薇、新疆蔷薇、美蔷薇、峨眉蔷薇12种。

3. 暖温带落叶阔叶林区域（辽宁南部、京、津、河北除坝上外全部、山西恒山至兴县一线以南、鲁、陕西黄土高原南部、渭河平原及秦岭以北，甘、皖、成都盆地、河南伏牛山、淮河以北、

苏、淮北平原）

秦岭蔷薇、玫瑰（图2-3）、钝叶蔷薇、刺玫、大花蔷薇、月季、金樱子、光叶蔷薇、木香（图2-4）、淡黄香水月季、橙黄香水月季、峨眉蔷薇、美蔷薇、黄蔷薇、野蔷薇、黄刺玫、山刺玫、刺毛蔷薇共18种。

4. 亚热带常绿阔叶林区域（浙、闽、赣、湘、滇全省、苏、皖、鄂、川大部，豫、陕、甘南部，粤、桂、台北、藏东部）

玉山蔷薇、梅氏蔷薇、小果蔷薇、红花蔷薇、卵果蔷薇、大花香水月季、悬钩子蔷薇（图2-5）、软条七蔷薇、芳香月季、硕苞蔷薇、台中蔷薇、台湾蔷薇、缫丝花、滇北蔷薇、金樱子、绢毛蔷薇、淡黄香水月季、野蔷薇、橙黄香水月季、峨眉蔷薇、光叶蔷薇、月季（图2-2）、木香23种。

5. 温带草原区域（松辽平原、内蒙古高原、黄土高原、新疆维吾尔自治区的阿尔泰山山区）

多刺蔷薇、刺玫果、山刺玫、黄蔷薇4种。

6. 温带荒漠区域（新疆准噶尔、塔里木盆地、青海柴达木盆地、甘、宁夏回族自治区的阿拉善高原、内蒙古自治区的鄂尔多斯台地）

腺绢毛蔷薇、粉团蔷薇、单叶蔷薇、长果刺玫、中亚蔷薇、新疆蔷薇、宽刺蔷薇、密刺蔷薇、绢毛蔷薇、黄蔷薇、峨眉蔷薇、秦岭蔷薇、山刺玫13种。

7. 青藏高原高寒植被区域（喜马拉雅山南坡、昆仑山脚下、横断山脉、克什米尔高原谷地，即青藏高原四周）

变光绢毛蔷薇、藏西蔷薇、绢毛蔷薇、峨眉蔷薇4种。

莫嫌绿刺伤人手，自有妍姿劝客杯

——先秦两汉魏晋时期的月季栽培

　　月季，是凝结中国古人智慧与勤劳的杰出创造。研究古代文献，并未发现有野生月季花的记载；当代植物考察，也没有发现四季开花的月季原种——这些优雅的生命究竟来自何处？园艺学家们利用当代细胞学研究及植物考古学成果，给出了合理的答案。

　　中国古人在栽培蔷薇的过程中，部分植株因突变而出现长期开花、重瓣、不易结实的新特性，这种变异并不利于物种的繁殖，却极大地提高了蔷薇的观赏价值。于是，人们通过人工选择，利用扦

图2-8　甲骨文字"圃"

图2-9　甲骨文字"囿"

插、嫁接等技术将这些变异保存下来，并且通过摘除幼果等措施，使长期开花的性状得到强化，最终创造出月季这一具有高度观赏价值的物种。现代生物学研究表明，当今月季与蔷薇，其细胞染色体基数均为7，植株同为二倍体，且种间杂交容易成功，也直接印证了这一观点。

中国人自古便有莳养花草的传统。距今3000年前的殷商甲骨文中，已出现"圃""囿"等字样——"圃"（图2-8）为种植蔬菜瓜类，"囿"（图2-9）则为早期的园林。中国园林中种植的蔷薇，多从山野移植而来。因此，古人所说的蔷薇，应为蔷薇属多个野生种类的统称。代表植物是蔷薇，为落叶攀援灌木，枝条柔蔓，叶片羽状，数朵白色的小花簇生成团，每年开花一次。

蔷薇是最早应用的攀援花卉，秦汉魏晋南北朝时期，已广泛应用于园林。《贾氏说林》记载："武帝与丽娟看花时，蔷薇始开，态若含笑，帝曰：此花绝胜佳人笑也。丽娟戏曰：笑可买乎!帝曰：可。丽娟遂取黄金百斤作买笑钱，奉帝为一日之欢，蔷薇名买笑，自丽娟始。"汉代相关瓦当、树木见图2-10至图2-13，图2-14表现了北魏时期的园林景观。

图2-10　汉代双鹿树木纹半瓦当

图2-11　汉代栽培植物纹半瓦当

图2-12　汉代花纹瓦当　　　　图2-13　汉代画像砖上的园林树木

图2-14　北魏孝子棺上的山水园林景观

　　如果《贾氏说林》记载尚不可尽信，那么宋代考据精详的《太平寰宇记》则明确无误地表明，梁元帝萧绎（公元508—555年）的宫苑中，已植多种蔷薇，且蔚为成景：

　　"梁元帝竹林堂中多种蔷薇，康家四出蔷薇，白马寺黑蔷薇，长沙千叶蔷薇，并以长格校其上，花叶相连其下，有十间花屋，枝叶交映，芬芳袭人。"

萧绎曾作《看摘蔷薇》诗云：

倡女倦春闺，迎风戏玉除。近丛看影密，隔树望钗疏。

横枝斜绾袖，嫩叶下牵裾。墙高攀不及，花新摘未舒。

莫疑插鬓少，分人犹有馀。

　　本诗写美丽的宫女在花架下攀折蔷薇，轻花密叶与衣香鬓影相映成趣。蔷薇的花枝甚高，宫女们有时够不到，娇嗔的样子令人莞尔。不知不觉间，每人都采摘了许多，却尤未满足。

梁元帝萧绎生长在一个文采卓著的帝王之家，父亲萧衍、长兄萧统、三哥萧纲都是中国文学史上举足轻重的人物。萧绎的天资在弟兄们之中并不太突出，他非常刻苦，几乎手不释卷。没想到，由于用眼过度，导致一只眼睛失明。这给萧绎一生蒙上了阴影，结婚后，他的妻子徐贵妃不仅看不起他，还以"半面妆"加以嘲弄。

正是这个丑陋的"半面妆"，却拥有细腻敏感的心灵。在蔷薇花下的一刻，他静静欣赏着眼前的欢乐，忘记了自卑与愤恨，获得了片刻的安宁。

魏晋南北朝时期，蔷薇应用既广，赋咏也较多，形成了独特的文化内涵，可归纳为以下3点。

其一，结为藤架，浓荫蔽庭。南朝诗人柳恽《咏蔷薇诗》云："当户种蔷薇，枝叶太葳蕤。不摇香已乱，无风花自飞。"足见蔷薇下有清影、上有飞花、间有暗香，确实是庭院中不可多得的攀援佳品。唐人储光羲《蔷薇》诗云："一茎独秀当庭心，数枝分作满庭荫。"皮日休《奉和鲁望蔷薇次韵》诗云："谁绣连延满户阵，暂应遮得陆郎贫。"都写的是蔷薇花架的风采。

明清时代，人们用蔷薇制作立体的"花屏"，集众多品种于一身，花开时五色斑斓，美不胜收，李渔《闲情偶寄》云：

"结屏之花，蔷薇居首。其可爱者，则在富于种而不一其色。大约屏间之花，贵在五彩缤纷，若上下四旁皆一其色，则是佳人忌作之绣，庸工不绘之图，列于亭斋，有何意致……

蔷薇之苗裔极繁，其色有赤，有红，有黄，有紫，甚至有黑；即红之一色，又判数等，有大红、深红、浅红、肉红、粉红之异。屏之宽者，尽其种类所有而植之，使条梗蔓延相错，花时斗丽，可傲步障于石崇。然征名考实，则皆蔷薇也。是屏花之富者，莫过于蔷薇。"

其二，纤花柔条，美人之属。蔷薇总与女子有缘，南朝诗人鲍泉也有一首《咏蔷薇诗》云："叶疏难蔽日，花密易伤风。佳丽新妆罢，含笑折芳丛。"其中的蔷薇"叶疏"而"花密"，已经有了些不堪花累的倦容，与纤弱的女子相仿。到宋代秦观《春日》诗有"有情芍药含春泪，无力蔷薇卧晓枝"的名句，可谓诗中有画，清新婉转，极具阴柔的魅惑。《红楼梦》中，也偏爱把蔷薇花设置为女子出场的背景，第三十回《宝钗借扇机带双敲 龄官划蔷痴及局外》云：

"只见赤日当空，树阴合地，满耳蝉声，静无人语。刚到了蔷薇花架，只听有人哽咽之声。宝玉心中疑惑，便站住细听，果然架下那边有人。如今五月之际，那蔷薇正是花叶茂盛之际，宝玉便悄悄的隔着篱笆洞儿一看，只见一个女孩子蹲在花下，手里拿着根绾头的簪子在地下抠土，一面悄悄的流泪。"

其三，清香四溢，枝刺牵衣。南朝大诗人谢朓《咏蔷薇诗》云："低枝讵胜叶，轻香幸自通。发萼初攒紫，馀采尚霏红。"梁代诗人刘缓《看美人摘蔷薇》诗云："新花临曲池，佳丽复相随。鲜红同映水，轻香共逐吹。"两首诗皆着眼于蔷薇花的清香。萧绎《屋名诗》云："木莲恨花晚，蔷薇嫌刺多。含情戏芳节，徐步待金波。"微怨其多刺，但也将密刺牵衣，视为无伤大雅的情趣。

这一时期我国赋咏蔷薇的诗词共七首整理如下。

1. 看美人摘蔷薇诗（南北朝·刘缓）

新花临曲池，佳丽复相随。鲜红同映水，轻香共逐吹。
绕架寻多处，窥丛见好枝。矜新犹恨少，将故复嫌萎。
钗边烂熳插，无处不相宜。

2. 咏蔷薇诗（南北朝·江洪）

当户种蔷薇，枝叶太葳蕤。不摇香已乱，无风花自飞。
春闺不能静，开匣对明妃。曲池浮采采，斜岸列依依。
或闻好音度，时见衔泥归。且对清觞湛，其余任是非。

3. 赋得蔷薇诗（南北朝·萧纲）

石榴珊瑚蕊，木槿悬星葩。岂如兹草丽，逢春始发花。
回风舒紫萼，照日吐新芽。

4. 咏蔷薇诗（南北朝·萧纲）

燕来枝益软，风飘花转光。氤氲不肯去，还来阶层香。

5. 看摘蔷薇诗（南北朝·萧绎）

倡女倦春闺，迎风戏玉除。近丛看影密，隔树望钗疏。
横枝斜绾袖，嫩叶下牵裾。墙高攀不及，花新摘未舒。
莫疑插鬓少，分人犹有馀。

6. 咏蔷薇诗（南北朝·谢朓）

低枝诇胜叶，轻香幸自通。发萼初攒紫，馀采尚霏红。

新花对白日，故蕊逐行风。参差不俱曜，谁肯盻薇丛。

7. 咏蔷薇诗（南北朝·鲍泉）

经植宜春馆，霍靡上兰宫。片舒犹带紫，半卷未全红。

叶疏难蔽日，花密易伤风。佳丽新妆罢，含笑折芳丛。

断霞转影侵西壁，浓麝分香入四邻

——隋唐五代时期的蔷薇属植物栽培

唐人爱花成癖，无论皇宫内苑，还是官署民宅，皆种植花木以供观赏。

在山西省新绛县，至今仍保留着始建于隋开皇十六年（公元596年）的一座衙署园林——"绛守居园池"。此园为隋朝临汾县令梁轨所建，主要供州府官员及家属休憩游玩。园林的中心是一座水池，唐代樊宗师《绛守居园池记》记载水池边有："莎靡缦萝蔷，翠蔓红刺相拂缀。"即水池边种植着柔曼的莎草，蔓延的藤萝，还有盛开的蔷薇。

唐代蔷薇已从宫廷园林走入千家万户，成为当时种植最广的庭院花卉，大诗人陆龟蒙《蔷薇》一诗，生动地描绘了当时千家万户竞相种植蔷薇的情景：

倚墙当户自横陈，致得贫家不似贫，

外布芳菲虽笑日，中含芒刺欲伤人，

清香往往生遥吹，狂蔓看看及四邻，

遇有客来堪玩处，一端晴绮照烟新。

　　蔷薇花扦插繁殖成活率较高，尤其适合普通百姓妆点庭园，皮日休《奉和鲁望蔷薇次韵》诗云："谁绣连延满户陈，暂应遮得陆郎贫。红芳掩敛将迷蝶，翠蔓飘飘欲挂人"；白居易《裴常侍以题蔷薇

图2-15　唐代敦煌壁画 回鹘贵人像

图2-16　现存于大英博物馆的《引路菩萨图》

图2-17　《引路菩萨图》（蔷薇花局部）

架十八韵见示因广为三十韵以和之》诗云："托质依高架，攒花对小堂。晚开春去后，独秀院中央。"储光羲《蔷薇》诗云："一茎独秀当庭心，数枝分作满庭阴。春日迟迟欲将半，庭影离离正堪玩。"大诗人白居易一生写下多篇专咏蔷薇的诗词，其中，《戏题新栽蔷薇》曰："移根易地莫憔悴，野外庭前一种春，少府无妻春寂寞，花开将尔当夫人"——将窈窕柔美的蔷薇比作夫人，足见其对蔷薇的喜爱之深。

中唐时期宰相李德裕（公元787—850年）在私家园林中引种了70余种奇花异木，他在《平泉草木记》中明确记载了花园中的稀有蔷薇品种："己未岁得会稽之百叶蔷薇，又得嵩山之重台蔷薇。"可见当时已经出现了重瓣蔷薇品种。唐代敦煌壁画中的《回鹘贵人像》（图2-15），画中人手持一枝高度重瓣的蔷薇花，似乎还在轻嗅其芳香，可作为李德裕《平泉草木记》中重瓣蔷薇的佐证。

此外，出土敦煌、现存于大英博物馆中的晚唐绢画《引路菩萨图》（图2-16、图2-17）中，绘有一朵蔷薇花，花朵硕大、花型高芯翘角，与现代月季相似度极高。

这一时期我国赋咏蔷薇的诗词，共整理出以下四十九首。

1. 明月湖醉后蔷薇花歌（唐·无名氏）

万朵当轩红灼灼，晚阴照水尘不著。

西施醉后情不禁，侍儿扶下蕊珠阁。

柔条嫩蕊轻菩鳃，一低一昂合又开。

深红浅绿状不得，日斜池畔香风来。

红能柔，绿能软，浓淡参差相宛转。

舞蝶双双谁唤来，轻绡片片何人剪。

白发使君思帝乡，驱妻领女游花傍。

持杯忆著曲江事，千花万叶垂宫墙。

复有同心初上第，日暮华筵移水际。

笙歌日日微教坊，倾国名倡尽佳丽。

我曾此处同诸生，飞盂落盏纷纵横。

将欲得到上天路，刚向直道中行去。

一朝失势当如此，万事如灰壮心死。

谁知奏御数万言，翻割龟符四千里。

丈夫达则贤，穷则愚，胡为紫，胡为朱。

莫思身外穷通事，且醉花前一百壶。

2. 蔷薇架（唐·元稹）

五色阶前架，一张笼上被。殷红稠叠花，半绿鲜明地。

风蔓罗裙带，露英莲脸泪。多逢走马郎，可惜帘边思。

3. 朱秀才庭际蔷薇（唐·方干）

绣难相似画难真，明媚鲜妍绝比伦。

露压盘条方到地，风吹艳色欲烧春。

断霞转影侵西壁，浓麝分香入四邻。

看取后时归故里，庭花应让锦衣新。

4. 红蔷薇（唐·牛峤）

晓啼珠露浑无力，绣簇罗襦不著行。

若缀寿阳公主额，六宫争肯学梅妆。

5. 红蔷薇歌（唐·王毂）

红霞烂泼猩猩血，阿母瑶池晒仙缬。

晚日春风夺眼明，蜀机锦彩浑疑黦。

公子亭台香触人，百花慵懒无精神。

苧罗西子见应妒，风光占断年年新。

6. 蔷薇正开春酒初熟因招刘十九张大夫崔二十四同饮（唐·白居易）

瓮头竹叶经春熟，阶底蔷薇入夏开。

似火浅深红压架，如饧气味绿黏台。

试将诗句相招去，倘有风情或可来。

明日早花应更好，心期同醉卯时杯。

7. 戏题新栽蔷薇（唐·白居易）

移根易地莫憔悴，野外庭前一种春。

少府无妻春寂寞，花开将尔当夫人。

8. 和王十八蔷薇涧花时有怀萧侍御兼见赠（唐·白居易）

霄汉风尘俱是系，蔷薇花委故山深。

怜君独向涧中立，一把红芳三处心。

9. 戏题卢秘书新移蔷薇（唐·白居易）

风动翠条腰袅娜，露垂红萼泪阑干。

移他到此须为主，不别花人莫使看。

10. 蔷薇花一丛独死不知其故因有是篇（唐·白居易）

柯条未尝损，根蘖不曾移。同类今齐茂，孤芳忽独萎。

仍怜委地日，正是带花时。碎碧初凋叶，燋红尚恋枝。

乾坤无厚薄，草木自荣衰。欲问因何事，春风亦不知。

11. 裴常侍以题蔷薇架十八韵见示因广为三十韵以和之（唐·白居易）

托质依高架，攒花对小堂。晚开春去后，独秀院中央。

霁景朱明早，芳时白昼长。秾因天与色，丽共日争光。

剪碧排千萼，研朱染万房。烟条涂石绿，粉蕊扑雌黄。

根动形云涌，枝摇赤羽翔。九微灯炫转，七宝帐荧煌。

淑气熏行径，清阴接步廊。照梁迷藻棁，耀壁变雕墙。

烂若丛然火，殷于叶得霜。胭脂含脸笑，苏合裛衣香。

浃洽濡晨露，玲珑漏夕阳。合罗排勘缬，醉晕浅深妆。

乍见疑回面，遥看误断肠。风朝舞飞燕，雨夜泣萧娘。

桃李惭无语，芝兰让不芳。山榴何细碎，石竹苦寻常。

蕙惨偎栏避，莲羞映浦藏。怯教蕉叶战，妒得柳花狂。

岂可轻嘲咏，应须痛比方。画屏风自展，绣伞盖谁张。

翠锦挑成字，丹砂印著行。猩猩凝血点，瑟瑟嵌金筐。

散乱萎红片，尖纤嫩紫芒。触僧飘氎褐，留妓冒罗裳。

寡和阳春曲，多情骑省郎。缘夸美颜色，引出好文章。

东顾辞仁里，西归入帝乡。假如君爱杀，留著莫移将。

12. 奉和鲁望蔷薇次韵（唐·皮日休）

谁绣连延满户陈，暂应遮得陆郎贫。

红芳掩敛将迷蝶，翠蔓飘飖欲挂人。

低拂地时如堕马，高临墙处似窥邻。

祇应是董双成戏，剪得神霞寸寸新。

13. 重题蔷薇（唐·皮日休）

浓似猩猩初染素，轻如燕燕欲凌空。

可怜细丽难胜日，照得深红作浅红。

14. 红蔷薇（唐·庄南杰）

九天碎霞明泽国，造化工夫潜剪刻。

翠叶长眉约细枝，殷红短刺钩春色。

明日当楼晚香歇，金带盘空已成结。

谢豹声催麦陇秋，熏风吹落猩猩血。

15. 题蔷薇花（唐·朱庆馀）

四面垂条密，浮阴入夏清。绿攒伤手刺，红堕断肠英。

粉著蜂须腻，光凝蝶翅明。雨中看亦好，况复值初晴。

16. 从叔将军宅蔷薇花开太府韦卿有题壁长句因以和作（唐·权德舆）

环列从容蹀躞归，光风骀荡发红薇。

莺藏密叶宜新霁，蝶绕低枝爱晚晖。

艳色当轩迷舞袖，繁香满径拂朝衣。

名卿洞壑仍相近，佳句新成和者稀。

17. 蔷薇（唐·齐己）

根本似玫瑰，繁英刺外开。香高丛有架，红落地多苔。

去住闲人看，晴明远蝶来。牡丹先几日，销歇向尘埃。

18. 红蔷薇花（唐·齐己）

晴日当楼晓香歇，锦带盘空欲成结。

莺声渐老柳飞时，狂风吹落猩猩血。

19. 蔷薇（唐·吴融）

万卉春风度，繁花夏景长。馆娃人尽醉，西子始新妆。

20. 蔷薇花（唐·张祜）

晓风抹尽燕支颗，夜雨催成蜀锦机。

当昼开时正明媚，故乡疑是买臣归。

21. 林书记蔷薇（唐·张碧）

东风折尽诸花卉，是个亭台冷如水。

黄鹂舌滑跳柳阴，教看蔷薇吐金蕊。

双成涌出琉璃宫，天香阁罩红熏笼。

西施晓下吴王殿，乱抛娇脸新匀浓。

瑶姬学绣流苏幔，绿夹殷红垂锦段。

炎洲吹落满汀云，阮瑀庭前装一半。

醉且书怀还复吟，蜀笺影里霞光侵。

秦娥晚凭栏干立，柔枝坠落青罗襟。

殷勤无波绿池水，为君作镜开妆蕊。

22. 蔷薇花（唐·李冶）

翠融红绽浑无力，斜倚栏干似诧人。

深处最宜香惹蝶，摘时兼恐焰烧春。

当空巧结玲珑帐，著地能铺锦绣裀。

最好凌晨和露看，碧纱窗外一枝新。

23. 蔷薇二首 其一（唐·李建勋）

万蕊争开照槛光，诗家何物可相方。

锦江风撼云霞碎，仙子衣飘黼黻香。

裛露早英浓压架，背人狂蔓暗穿墙。

綵笺蛮榼旬休日，欲召亲宾看一场。

24. 蔷薇二首 其二（唐·李建勋）

拂檐拖地对前墀，蝶影蜂声烂熳时。

万倍馨香胜玉蕊，一生颜色笑西施。

忘归醉客临高架，恃宠佳人索好枝。

将并舞腰谁得及，惹衣伤手尽从伊。

25. 新楼诗二十首 其一十五 城上蔷薇（唐·李绅）

蔷薇繁艳满城阴，烂熳开红次第深。

新蕊度香翻宿蝶，密房飘影戏晨禽。

宾闺织妇惭诗句，南国佳人怨锦衾。

风月寂寥思往事，暮春空赋白头吟。

26. 僧院蔷薇（唐·李咸用）

客引擎茶看，离披晒锦红。不缘开净域，争忍负春风。

小片当吟落，清香入定空。何人来此植，应固恼休公。

27. 临水蔷薇（唐·李群玉）

堪爱复堪伤，无情不久长。浪摇千脸笑，风舞一丛芳。
似濯文君锦，如窥汉女妆。所思云雨外，何处寄馨香。

28. 蔷薇花（唐·杜牧）

朵朵精神叶叶柔，雨晴香拂醉人头。
石家锦幛依然在，闲倚狂风夜不收。

29. 蔷薇（唐·陆龟蒙）

倚墙当户自横陈，致得贫家似不贫。
外布芳菲虽笑日，中含芒刺欲伤人。
清香往往生遥吹，狂蔓看看及四邻。
遇有客来堪玩处，一端晴绮照烟新。

30. 和袭美重题蔷薇（唐·陆龟蒙）

秾华自古不得久，况是倚春春已空。
更被夜来风雨恶，满阶狼籍没多红。

31. 蔷薇花（唐·陆畅）

锦窠花朵灯业醉，翠叶眉稠裛露垂。
莫引美人来架下，恐惊红片落燕支。

32. 溧阳唐兴寺观蔷薇花同诸公饯陈明府（唐·孟郊）

忽惊红琉璃，千艳万艳开。佛火不烧物，净香空徘徊。
花下印文字，林间咏觞杯。群官饯宰官，此地车马来。

33. 和蔷薇花歌（唐·孟郊）

仙机札札织凤皇，花开七十有二行。

天霞落地攒红光，风枝袅袅时一顾，飞散葩馥绕空王。

忽惊锦浪洗新色，又似宫娃逞妆饰。

终当一使移花根，还比蒲桃天上植。

34. 邀人赏蔷薇（唐·孟郊）

蜀色庶可比，楚丛亦应无。醉红不自力，狂艳如索扶。

丽蕊惜未埽，宛枝长更纤。何人是花侯，诗老强相呼。

35. 蔷薇（唐·徐夤）

朝露洒时如濯锦，晚风飘处似遗钿。

重门剩著黄金锁，莫被飞琼摘上天。

36. 尚书会仙亭咏蔷薇夤坐中联四韵晚归补缉所联因成一篇（唐·徐夤）

结绿根株翡翠茎，句芒中夜刺猩猩。

景阳妆赴严钟出，楚峡神教暮雨晴。

踯躅岂能同日语，玫瑰方可一时呈。

风吹嫩带香苞展，露洒啼思泪点轻。

阿母蕊宫期索去，昭君榆塞阙赍行。

丛高恐碍含泥燕，架隐宜栖报曙莺。

斗日只忧烧密叶，映阶疑欲让双旌。

含烟散缬佳人惜，落地遗钿少妓争。

丹湼不因输绣段，钱圆谁把买花声。

海棠若要分流品，秋菊春兰两恰平。

第二篇 七彩之花

57

37. 玩花五首 其五（唐·徐凝）

花到蔷薇明艳绝，燕支颗破麦风秋。

一番弄色一番退，小妇轻妆大妇愁。

38. 题兴化园亭（唐·贾岛）

破却千家作一池，不栽桃李种蔷薇。

蔷薇花落秋风起，荆棘满庭君始知。

39. 和友人题僧院蔷薇花三首 其一（唐·崔橹）

何人移得在禅家，瑟瑟枝条簇簇霞。

争那寂寥埋草暗，不胜惆怅舞风斜。

无缘影对金尊酒，可惜香和石鼎茶。

看取老僧齐物意，一般抛掷等凡花。

40. 和友人题僧院蔷薇花三首 其二（唐·崔橹）

忍委芳心此地开，似霞颜色苦低回。

风惊少女偷香去，雨认亚娥觅伴来。

今日独怜僧院种，旧山曾映钓矶栽。

三清上客知惆怅，劝我春醪一两杯。

41. 和友人题僧院蔷薇花三首 其三（唐·崔橹）

露香如醉态如慵，斜压危阑草色中。

试问更谁过野寺，无憀徒自舞春风。

兰缸尚惜连明在，锦帐先愁入夏空。

一日几回来又去，不能容易舍深红。

42. 刘侍中宅盘花紫蔷薇（唐·章孝标）

真宰偏饶丽景家，当春盘出带根霞。

从开一朵朝衣色，免踏尘埃看杂花。

43. 蔷薇（唐·储光羲）

袅袅长数寻，青青不作林。

一茎独秀当庭心，数枝分作满庭阴。

春日迟迟欲将半，庭影离离正堪玩。

枝上莺娇不畏人，叶底蛾飞自相乱。

秦家女儿爱芳菲，画眉相伴采蔷蕤。

高处红须欲就手，低边绿刺已牵衣。

蒲萄架上朝光满，杨柳园中暝鸟飞。

连袂踏歌从此去，风吹香气逐人归。

44. 三月二十七日自抚州往南城县舟行见拂水蔷薇因有是作（唐·韩偓）

江中春雨波浪肥，石上野花枝叶瘦。

枝低波高如有情，浪去枝留如力斗。

绿刺红房战袅时，吴娃越艳醄酣后。

且将浊酒伴清吟，酒逸吟狂轻宇宙。

45. 寒食日沙县雨中看蔷薇（己巳）（唐·韩偓）

何处遇蔷薇，殊乡冷节时。雨声笼锦帐，风势偃罗帏。

通体全无力，酡颜不自持。绿疏微露刺，红密欲藏枝。

惬意凭阑久，贪吟放盏迟。旁人应见诮，自醉自题诗。

46. 蔷薇花联句（唐·裴度）

似锦如霞色，连春接夏开（禹锡）。

波红分影入，风好带香来（度）。

得地依东阁，当阶奉上台（行式）。

浅深皆有态，次第暗相催（禹锡）。

满地愁英落，缘堤惜棹回（度）。

芳浓濡雨露，明丽隔尘埃（行式）。

似著胭脂染，如经巧妇裁（居易）。

奈花无别计，只有酒残杯（籍）。

47. 蔷薇（唐·裴说）

一架长条万朵春，嫩红深绿小窠匀。

只应根下千年土，曾葬西川织锦人。

48. 蔷薇诗一首十八韵呈东海侍郎徐铉（唐末宋初·李从善）

绿影覆幽池，芳菲四月时。管弦朝夕兴，组绣百千枝。

盛引墙看遍，高烦架屡移。露轻濡绿笔，蜂误拂吟髭。

日照玲珑幔，风摇翡翠帷。早红飘藓地，狂蔓挂蛛丝。

嫩刺牵衣细，新条窄草垂。晚香难暂舍，娇态自相窥。

深浅分前后，荣华互盛衰。尊前留客久，月下欲归迟。

何处繁临砌？谁家密映篱。绛罗房灿烂，碧玉叶参差。

分得殷勤种，开来远近知。晶荧歌袖袂，柔弱舞腰支。

膏麝谁将比，庭萱自合嗤。匀妆低水鉴，泣泪滴烟霏。

画拟凭梁广，名宜亚楚姬。寄君十八韵，思拙愧新奇。

49. 依韵和令公大王蔷薇诗（唐末宋初·徐铉）

绿树成阴后，群芳稍歇时。谁将新濯锦，挂向最长枝。

卷箔香先入，凭栏影任移。赏频嫌酒渴，吟苦怕霜髭。

架迥笼云幄，庭虚展绣帷。有情萦舞袖，无力胃游丝。

嫩蕊莺偷采，柔条柳伴垂。苟池波自照，梁苑客尝窥。

玉李寻皆谢，金桃亦暗衰。花中应独贵，庭下故开迟。

委艳妆苔砌，分华借槿篱。低昂匀灼烁，浓淡叠参差。

幸植王宫里，仍逢宰府知。芳心向谁许，醉态不能支。

芍药天教避，玫瑰众共嗤。光明烘昼景，润腻裹轻霏。

丽似期神女，珍如重卫姬。君王偏属咏，七子尽搜奇。

系统整理唐代咏玫瑰诗词，共有以下六首。

1. 奉和李舍人昆季咏玫瑰花寄赠徐侍郎（唐·卢纶）

独鹤寄烟霜，双鸾思晚芳。旧阴依谢宅，新艳出萧墙。

蝶散摇轻露，莺衔入夕阳。雨朝胜濯锦，风夜剧焚香。

断日千层艳，孤霞一片光。密来惊叶少，动处觉枝长。

布影期高赏，留春为远方。尝闻赠琼玖，叨和愧升堂。

2. 和李员外与舍人咏玫瑰花寄徐侍郎（唐·司空曙）

仙吏紫薇郎，奇花共玩芳。攒星排绿蒂，照眼发红光。

暗妒翻阶药，遥连直署香。游枝蜂绕易，碍刺鸟衔妨。

露湿凝衣粉，风吹散蕊黄。蒙茏珠树合，焕烂锦屏张。

留客胜看竹，思人比爱棠。如传采蘋咏，远思满潇湘。

3. 芳树（唐·李叔卿）

春看玫瑰树，西邻即宋家。门深重暗叶，墙近度飞花。

影拂桃阴浅，香传李径斜。靓妆愁日暮，流涕向窗纱。

4. 玫瑰（唐·唐彦谦）

麝炷腾清燎，鲛纱覆绿蒙。宫妆临晓日，锦段落东风。

无力春烟里，多愁暮雨中。不知何事意，深浅两般红。

5. 司直巡官无诸移到玫瑰花（唐·徐夤）

芳菲移自越王台，最似蔷薇好并栽。

秾艳尽怜胜彩绘，嘉名谁赠作玫瑰。

春藏锦绣风吹拆，天染琼瑶日照开。

为报朱衣早邀客，莫教零落委苍苔。

6. 依韵奉和千叶玫瑰之什（唐末宋初·李昉）

满槛妖饶甚，皆因暖律催。好凭莺说意，不假蝶为媒。

带露羞容敛，随风笑脸回。去年观始种，今日见齐开。

熠熠灯千炷，荧荧火一堆。浓香盖天与，碎叶是谁栽。

旋为除芳草，惟愁落绿苔。最宜含细雨，肯使扑轻埃。

易赋诗盈轴，难辞酒满杯。汲泉频灌溉，买土更封培。

销得邀宾赏，堪教选地栽。醉吟翻怅望，行绕重徘徊。

谩对鲜妍色，惭无绮丽才。自怜垂白叟，扶病看花来。

费尽主人歌与酒，不教闲却买花翁

——宋辽金元时期的中国月季栽培

宋代四季开花的月季出现，掀开了中国乃至世界月季栽培的新篇章。

自宋代起，每年只能开花一次的蔷薇、玫瑰逐渐隐退，"一年长占四时春"的月季成为园林栽培的主角。北宋名相韩琦《月季》诗云："牡丹殊绝委春风，露菊萧疏怨晚丛。何似此花荣艳足，四时常放浅深红。"这一时期，吟咏月季的诗赋如雨后春笋般出现，且多着眼于其四季开花的独特习性，如：

"群花各分荣，此花冠时序。聊披浅深艳，不易冬春虑。"（宋祁《月季》）

"只道花无十日红，此花无日不春风。"（杨万里《腊前月季》）

"四时常吐芳姿媚，人老那能与此同。"（董嗣杲《月季花》）

"月季只应天上物，四时荣谢色常同。"（张耒《月季》）

"染得灵根药，无时不春风。倚栏与挂壁，相伴岁寒中。"（范成大《题长春花》）

"雪圃未容梅独占，霜篱初约菊同开。"（徐积《长春花五首之二》）

"谢了还开肯悟空，一年三十六旬中。"（董嗣杲《月季花》）

宋代画家钱选的《百花篮图》（图2-18、图2-19），描绘了一只装满了秋英的花篮，盛开的菊花、硕大的石榴与火红的月季相映成趣，展示了月季花绵延至晚秋的悠长花期。作者对月季的描绘尤为细腻，有一朵盛开、一朵初放、一朵欲放、一朵含苞、一朵刚刚破开绿色的花萼，足见作者观察的细致。此外，钱选还有名作《八花图卷》（图2-20），以宋代院体画法绘折枝海棠、梨花、桃花、桂花、栀子、月季、水仙八种花卉，其中，月季花粉色重瓣，雍容娴雅，如伫立于轻雾中的美人，有幽静超脱的意境。

图2-18　宋代钱选《百花篮图》

图2-19　宋代钱选《百花篮图》
（月季花局部）

宋代月季花品种迅速增加。北宋《洛阳花木记》中，"刺花"一条记有密枝月季、

图2-20 宋代钱选《八花图卷》
（折枝月季花）

图2-21 元代画家唐棣的《月季图》

图2-22 元代画家王渊《设色花卉图》
（月季花局部）

图2-23 元代画家王渊《花卉卷》
（月季花局部）

千叶月桂、黄月季、川四季、深红月季、长春花、日月季、四季长春、宝相等，均可认定是月季的品种——其中，'千叶月桂'即重瓣月季，'黄月季'则为当时刚刚出现的黄色花新种，'宝相'至今在南方民间仍有种植。

宋代司马温编著的《月季新谱》，是我国第一部月季花栽培专著。其中除了记载一批月季名品外，还详细论述了月季栽培中"培壅""浇灌""养胎""修剪""避寒""扦插""下子""去虫"七大环节——《月季新谱》也由此成为我国传统名花中最早的栽培专谱之一。

南宋张镃作《赏心乐事》，记录他在自家园林中的休闲活动。其中，与月季等蔷薇属植物相关的就有六项，分别为三月"花院观月季、满霜亭北观棣棠、宜雨亭北观黄蔷薇"，四月"蕊珠洞赏荼蘼、艳香馆赏长春花、群仙绘幅楼前观玫瑰"，明确为欣赏月季花的活动就有花院观月季、艳香馆赏长春花两项，足见月季花在当时社会生活中的地位。

南宋时期，月季、蔷薇、玫瑰、酴醾、木香等蔷薇属观赏植物，成为人们休闲观赏的必备之物。《宋稗类钞》载："范蜀公镇居许下，于所居造大堂，以长啸名之。前有荼蘼架，高广可容数十客。每春季花繁盛时。燕客于其下。约曰：'有花飞堕酒中者，为罚一大白'。或语笑喧哗之际，微风过之，则满座无遗者。当时号为飞英蘼，传之四远无不以为美谈"，宋代文人墨客们在开满花朵的荼蘼架下举办宴会，约定飞花堕杯者饮酒。没想到一阵疾风吹过，漫天花瓣卷落一地，人人杯中都有了花瓣，大家同时举杯开怀畅饮，传为一时之美谈。

宋代，广大人民已把玫瑰花作为珍贵的芳香植物，广泛种植，作芳香工业的原料，杂以麝香，结为香囊，带在身上，其气清香芳馥，袅袅不绝，后又加工提炼玫瑰油，制作玫瑰饮料、食品、酒、化妆品等。玫瑰油价值极为昂贵，有"蛇珠千枚，不及玫瑰"之说。这一时期，玫瑰品种有穿心玫瑰、黄玫瑰、千叶茶梅、玉香梅、千叶红香梅、茶梅等。宋人常在诗中赋咏作为香水的蔷薇水、蔷薇露，足见其使用之广，如：

"初换夹衣围翠被。蔷薇水润衘香腻。"（毛滂《蝶恋花其九敧枕》）

"旧恩恰似蔷薇水，滴在罗衣到死香。"（刘克庄《宫词四首》）

"绣被鸳鸯，宝香熏透蔷薇水。枕边一纸。明月人千里。"（朱埴《点绛唇》）

"水沉山麝蔷薇露，漱作香云喷出来。"（杨万里《正月五日以送伴借官侍宴集英殿十口号 其三》）

"独擅春花掩众芳，蔷薇水洗内家妆。"（胡仲弓《徘徊花》）

元代月季栽培（图2-21、图2-22、图2-23）继续扩大，并有了一个前代并不常见的称谓"月桂"。如元代诗人王恽《月桂》诗云："花名谁品藻？岁与月华新。不属孤根细，能留四季春"，诗人陈基《月桂折枝图》诗云："瑞叶时时绿，灵葩月月红。天非私雨露，人自竞春工"，都提到"月桂花"能够月月开花，花色鲜红，可以确定其为月季。

值得一提的是，中国月季在元代已传入日本，取名"庚申月季"，意即隔月开花的月季。此外，成书于镰仓时代、用中文写成的《明月记》中，也提到了"长春花"和"蔷薇"。从日本古代绘画《春日权现绘卷》中植物的形态特征判断，"庚申月季"与"长春花"均为中国月季花。

整理这一时期我国赋咏月季的诗词，共有以下三十二首。

1. 月季（宋·韩琦）

牡丹殊绝委春风，露菊萧疏怨晚丛。

何似此花荣艳足，四时常放浅深红。

2. 月季（宋·宋祁）

群花各分荣，此花冠时序。

聊披浅深艳，不易冬春虑。

真宰竟何言，予将造形悟。

3. 腊前月季（宋·杨万里）

只道花无十日红，此花无日不春风。

一尖已剥胭脂笔，四破犹包翡翠茸。

别有香超桃李外，更同梅斗雪霜中。

折来喜作新年看，忘却今晨是季冬。

4. 久病小愈雨中端午试笔（宋·杨万里）

月季元来插得成，瓶中花落叶犹青。

试将插向苍苔砌，小朵忽开双眼明。

5. 次韵叔父月季再生（宋·苏过）

瘴海不知秋，幽人忘岁月。祇记庭中花，几度开还蘗。

忆昔移居时，始是青荑苗。殷勤主人惠，浸灌寒泉冽。

颜色日鲜好，条枝争秀拔。意无后人剪，喜托先生芟。

海康接儋耳，云水何田蹙。俯楹独四顾，怅此波涛匝。

闻道海门松，僵枝出繁叶。困穷不足道，喜有千人活。

不似玄都花，蔌蔌那容折。

6. 次韵子由月季花再生（宋·苏轼）

幽芳本长春，暂瘁如蚀月。且当付造物，未易料枯蘗。

也知宿根深，便作紫笋苗。乘时出婉娩，为我暖栗冽。

先生早贵重，庙论推英拔。而今城东瓜，不记召南芟。

陋居有远寄，小圃无阔蹑。还为久处计，坐待行年匝。
腊果缀梅枝，春杯浮竹叶。谁言一萌动，已觉万木活。
聊将玉蕊新，插向纶巾折。

7. 所寓堂后月季再生与远同赋（宋·苏辙）

客背有芳丛，开花不遗月。何人纵寻斧，害意肯留蘖。
偶乘秋雨滋，冒土见微茁。猗猗抽条颖，颇欲傲寒冽。
势穷虽云病，根大未容拔。我行天涯远，幸此城南茇。
小堂劣容卧，幽阁粗可蹑。中无一寻空，外有四邻市。
窥墙数柚实，隔屋看椰叶。葱茜独兹苗，悯悯待其活。
及春见开敷，三嗅何忍折。

8. 朝中措·月季（宋·赵师侠）

开随律琯度芳辰。鲜艳见天真。
不比浮花浪蕊，天教月月常新。
蔷薇颜色，玫瑰态度，宝相精神。
休数岁时月季，仙家栏槛长春。

9. 和正仲月季花（宋·舒岳祥）

风流天下真难似，惜向篱边砌下栽。
依旧风情三月在，斩新花叶四时开。
莫嫌绿刺伤人手，自有妍姿劝客杯。
不拟折来轻落去，坐看颜色总尘埃。

10. 月季花（宋·董嗣杲）

谢了还开肯悟空，一年三十六旬中。

相看谁有长春艳，莫道花无百日红。

酡风倚娇承舞雪，瘦枝扶力借柔风。

四时常吐芳姿媚，人老那能与此同。

11. 求月桂（宋·陆游）

重重汗简拥衰翁，百里家山梦不通。

病眼可令常寂寞，烦君为致数枝红。

12. 赋栖真观月季（宋·史弥宁）

茶蘼从史访栖真，闯户蔫红绝可人。

不逐群芳更代谢，一生享用四时春。

13. 月季（宋·张耒）

月季只应天上物，四时荣谢色常同。

可怜摇落西风里，又放寒枝数点红。

14. 微雨中赏月桂独酌 宋·陈与义

人间跌宕简斋老，天下风流月桂花。

一壶不觉丛边尽，暮雨霏霏欲湿鸦。

15. 得长春两株植之窗前 宋·陈与义

乡邑已无路，僧庐今是家。

聊乘数点雨，自种两丛花。

篱落失秋序，风烟添岁华。

衰翁病不饮，独立到栖鸦。

16. 长春花诗（南宋·王义山）

东风不与世情同，多付春光向此中。

叶里尽藏云外绿，枝头剩带日边红。

百花能占春多少，何似春颜长自好。

清和时候卷红绡，端的长春春不老。

17. 长春花（宋·朱淑真）

一枝才谢一枝殷，自是春工不与闲。

纵使牡丹称绝艳，到头荣瘁片时间

18. 长春花五首之一（宋·徐积）

谁言造物无偏处，独遣春光住此中。

叶里深藏云外碧，枝头长借日边红。

曾陪桃李开时雨，仍伴梧桐落后风。

费尽主人歌与酒，不教闲却买花翁。

19. 长春花五首之二（宋·徐积）

一丛春色入花来，便把春阳不放回。

雪圃未容梅独占，霜篱初约菊同开。

长生洞里神仙种，万岁楼前锦绣堆。

过尽白驹都不管，绿杨红杏自相催。

20. 长春花五首之三（宋·徐积）

一谢芳菲更不还，谁何娇步独盘桓，

虽于物态为难有，却是时情总易阑，

日晒香肌难避暑，雪濡粉面亦禁寒，

等闲莫使人知处，长与诗家醉后看。

21. 长春花五首之四（宋·徐积）

谁与猩猩血染红，重重迭迭费春工，

应无暴物侵和气，自有深根藏暖风，

每见灵芝三秀了，回看凡艳一时空，

如环光景循将徧，又到江南梅信通。

22. 长春花五首之五（宋·徐积）

两枝上疏花启房，轻绡重锦迭为裳，

更分深浅两般色，不作寻常一面妆，

蕣有红华须斗艳，兰虽清节亦交香，

吟翁未畅先投笔，为与东君咏海棠。

23. 月季花 宋·陈兴义

月季花上雨，春归一凭澜。

东西南北客，更得几回香。

红襟映肉色，薄暮无乃寒。

园中如许多，独觉赋诗难。

24. 题长春花 宋·范成大

染得灵根药，无时不春风。

倚栏与挂壁，相伴岁寒中。

25. 采桑子 宋·王冠卿

牡丹不好长春好，有个因依，一两三枝，但是风光总属伊。

当初只为嫦娥种，月正明时，教恁芳菲，伴着团圆十二回。

26. 一落索 宋·舒亶

叶底枝头红小，天然窈窕，后园桃李漫成蹊，能占得、春多少。

不管雪消霜晓，朱颜长好，年年若许醉花间，待拼了，花间老。

27. 蝶恋花 长春花 宋·王安中

曲径深丛枝袅袅。晕粉揉绵，破蕊烘清晓。

十二番开寒最好。此花不惜春归早。

青女飞来红翠少。特地芳菲，绝艳惊衰草。

只嫌东风终甚了。久长欲伴姮娥老。

28. 折枝月桂 元·王璋

月树漫同名，春风偏自知。姮娥空老去，未识此花枝。

29. 月桂 元·程文海

本是尧蓂英，翻为月月红。殷勤烦好手，移向玉除东。

30. 辅岩王文甫堂南月桂花 元·胡祇遹

王氏堂前月桂花，岁无虚月不纷葩。

清香暗度如脐麝，紫艳光生夺海霞。

盛暑隆冬从荏苒，野桃山杏漫交加。

偶因草木求征验，盛德如君有几家？

31. 月桂 元·王恽

花名谁品藻？岁与月华新。不属孤根细，能留四季春。

瑞叶时时绿，灵葩月月红。天非私雨露，人自竞春工。

○《月季新谱》摘要　宋·司马温

培壅： 凡百花木，无不全在培壅。而月季长月开花，性喜肥，其能以山田二土对和。伴以浓粪。或将土先用火烧过，置于日晒雨淋处，随时取用，此为最妙者。至寻常之土，但得浇肥得法，亦得好花。浇粪之法，春则七粪三水，夏则四粪六水，秋则六粪四水，冬者八粪二水。无论有蕊无蕊，每月宜浇两次。春初萌芽甫发及根下初生新枝时，断不可浇粪，浇者焦黑。必须至长叶老也，至将开花时，亦不宜浇肥，浇者花心过盛反不能开。落花后则又必宜浇粪。随时察肥而培壅之，是在好之者神而明之也。

浇灌： 月季不宜过湿，亦不宜过干，盆面发白，即浇水。至花开时，浇以香茗，则花更鲜美耐久。

养胎： 夏日炎热，者花亦开少瓣。结蕊后宜移阴处，微令透日，庶得慢开花大也。

避寒： 月季虽不畏严寒，然不可令著霜雪。霜降后，宜上用芦帘遮盖。日则去之。至大寒时，或掘地土，将土半埋图内。日均以芦帘遮护，此足以御寒，且得地气，最妙法也。或移进屋内，然需向阳之处。雨天气晴和，洒以清水。

所记品种如下：

蓝田壁，极品。色白如芦衣而光泽，有折叠纹，近心有蓝色闪光。

银红牡丹，极品。色鲜红，半开有蝴蝶之行，放足似牡丹，色最鲜艳，花亦耐久。

猩红海棠，极品。色鲜红，外瓣初放中心圆若弹丸，放足则千叶磐口，柄梗特长，枝干光嫩少刺。有一蓓三四朵者。

珠盘托翠，极品。色朱红，外瓣狭长，近心之瓣红白二色相间，倦而不放，如台盏之形。

新春绿柳，上上品。色白，阔瓣，每朵有百余瓣者。

六朝金粉，上上品。色白，外瓣微红，近心之瓣淡黄。

水轮，上上品。色白，旋心，中微黄。

春水绿波，上上品。色白，外瓣遍洒红点，近心之瓣有绿晕。

绿牡丹，上上品。色白，近心有绿色闪光。

桃坞三品，上上品。色初开白，渐而淡红，放足则朱红，阔瓣旋心。

杏红芍药，上上品。色淡红，阔瓣，或中红外白。有四五朵同放，花品同而花色各异者。

汉宫春色，上上品。色鲜红，阔瓣，磐口。

杏红牡丹，上上品。色鲜红，阔瓣，千叶，磐口。

映日荷花，上上品。色红，阔瓣，有尖，磐口。

玉液芙蓉，上品。色白，外瓣有红点，香气最盛。

西施醉舞，上品。色淡红，阔瓣，卷心。

飞燕新妆，上品。色鲜红，阔瓣而不多，花极玲珑。

惟有此花开不厌，一年长占四季春
——明清时代中国月季栽培的高潮期

　　明清时期，月季栽培蔚然成风，中国古老月季品种群基本形成。明代月季栽培的发展，主要有两大趋势。

　　一是由于长期人工扦插及选择的结果，许多月季品种变为重瓣，花后不易结实。李时珍在《本草纲目》中记载：月季"处处人家多栽扦之，亦蔷薇类也，青茎长蔓硬刺，叶小于蔷薇而花深红，千叶厚瓣，逐月开放，不结子也"。

　　二是人们已经能将蔷薇属中几种代表性观赏花卉区分开来，王象晋的《群芳谱》中，把蔷薇属植物分成蔷薇、玫瑰、刺蘼、木香、月季等几类。朱橚《救荒本草》中，将蔷薇属金樱子分成舒州、宜州和泉州三大种源，堪称园艺植物分类学中的重大进步。这一时期人们对蔷薇属观赏植物的区分，在诗词中亦有大量体现，如明代著名作家高濂的《醉红妆·玫瑰》词，把"香喷麝，色然犀"

的玫瑰与蔷薇区分开来，专门用于"绣囊佩剪"："胭脂分影湿玻璃。香喷麝，色然犀。一般红韵百般奇。休错认，是蔷薇。绣囊佩剪更相宜。匀百和，藉人衣。把酒对花须尽醉，莫教醒眼，受花欺。"

由于杂交育种方法的发展，清代月季品种出现爆发式增长。清代《月季花谱》中写道："近得变种之法，愈变愈多，愈出愈奇，

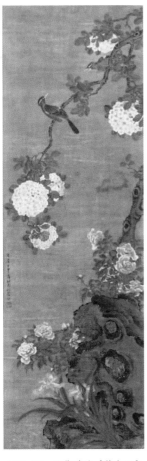

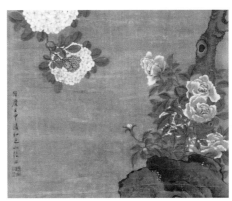

图2-25 明代陆治《花鸟图》（局部）

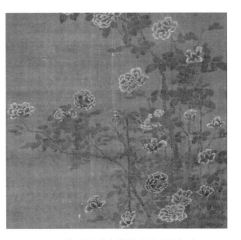

图2-24 明代陆治《花鸟图》　图2-26 明代陆治花卉蔷薇立轴（局部）

图2-27 明代孙克弘《花鸟图册》（月季图）

图2-28 明代徐渭《月季图》

始于清淮，延及大江南北，高人雅士为之品题。花则尽态，名亦日新。而吴下月季之盛，始超越古今矣。种类之多，几与菊花方驾，而今之好月季者，更甚于菊"。

所谓"变种之法"，就是现在的杂交育种技术，此时中国月季的花型花色之多，已经可与菊花媲美，足见其品种之丰富。据统计，《月季花谱》中记载上品月季10种，白色38种，黄色11种，紫黑色11种，红色57种，复色4种，共计131种。清代戏曲作家谢堃也在《春草堂集》中记载，月季"花有紫色、红色、淡红色、白而红边者、白而有绛色点者、白而带黄者、白而带浅绿者，然入药当以鲜红者为佳。赏玩当以纯黄、纯白者为上，又有水红色者，花如碗大，名曰宝相，最上品"——说明此时普通人种植的月季已有紫、红、黄、白、浅绿等花色，并出现了少见的复色品种。

这一时期，月季各项栽培技术也基本成熟。无性繁殖方面，清初陈淏子编著的《花镜》中描述了月季分株繁殖和嫁接繁殖的步骤，明确用野蔷薇作砧木，嫁接50～60天后即可成活。明代《群芳谱》详细记录了月季插穗的长度与剪取部位，对扦插深度、插后保湿方法等均有论述。书中提到，春季扦插大多先发芽后生根、秋季扦插大多先生根后发芽，扦插时保留一定数量的叶片，更有利于生根。《群芳谱》中特别提到，插穗末端要用指甲刮去少量青皮这一操作细节。

品种培育方面，清代《月季谱》详细讲解了种子育苗选种的方法：选择花大、健壮的植株作母本，花开结实后采集种子，播种于浅土层中。一旦冒出健壮小苗，即带土植入盆内以供选择新的变异品种。此法已十分接近现代月季选种方法。

日常修剪方面，古人已发现月季徒长枝较多，需要经常更新枝条方可促成开花。《群芳谱》中记载，月季"其枝或向下垂，或向里长，或两枝交互并生，或老梗枯朽"，均应

图2-29　明代陈洪绶《月季》

剪去。修剪的原则是根据枝条的方位和疏密程度，并要求"花谢结子即摘去"，方能"花恒不绝"。

明清时期，月季生产栽培呈现集中化、产业化趋势。北京妙峰山自明宪宗咸化年间开始栽培月季，有500多年的历史，产品是酿造名酒"玫瑰露"。山东黄店栽培月季至清朝末年已达千亩，主要产品是玫瑰酱、酒、茶、香料等。山东平阴自明太祖洪武年间种植

图2-30　吴熙载《花卉图》

图2-31　清 汪承霈《月季山禽》

月季，已有600多年的历史，主要酿造玫瑰酒、制造玫瑰茶等。此外，四川眉山、甘肃永登、河南高水、山西清徐、甘肃兰州等地均有月季生产。

整理这一时期我国赋咏月季的诗词，共有以下二十四首。

1. 月季花（明·刘绘）

绿刺含烟郁，红苞逐月开。朝华抽曲沼，夕蕊压芳台。

能斗霜前菊，还迎雪里梅。踏歌春岸上，几度醉金杯。

2. 月季花（明·毕自严）

花开惟一度，尔独占四时。几番新雨后，绿叶发华滋。

春明伴桃李，夏至映榴葵。秋争霜菊艳，冬斗雪梅姿。

高低互隐见，深浅总葳蕤。节序暗中递，红颜无老期。

灿灿夺朝霞，而堪荐玉卮。聊植中庭畔，悠然慰我思。

安得骚人笔，烂漫写新辞。

3. 月季花 明·张新

一番花信一番新，半属东风半属尘。

惟有此花开不厌，一年长占四季春。

4. 月季花 明·申时行

奇葩竞吐汉宫春，日日含香送紫宸。

千叶能随蓂荚茂，四时常应桂轮新。

乍疑胜裹金花巧，却讶枝间翠凤驯。

愿以常春歌圣寿，还将解网颂皇仁。

5. 咏月月红花 明·易震吉

老去春光实可怜，为何十二月皆妍。

知她不是贫家女，时买胭脂剩有钱。

6. 题吉水分司月月红一首（明·江源）

月月红开如有约，四时颜色染丹砂。

沉香亭北妒妃子，结绮楼中失丽华。

芍药便从春后老，海榴只合暑前夸。

虽然堪赏还堪恶，恐夺霜台石竹花。

7. 白长春花（明·区元晋）

小圃长春莫问年，年年人在锦丛边。

对花少中三杯后，抚景何如念载前。

香拆银苞微带露，娇生素艳薄匀烟。

梦中蝴蝶谁传笔，为写花神邂逅缘。

8. 咏园中杂花十三首 其一十一 长春（明·王立道）

长伴百花开，不共百花老。误却送春诗，只疑春正好。

9. 尔孚复以诗乞余长春花新本数株此花种固来自尔孚也（明·郭之奇）

娇丛离陆不胜春，春盛还归春主人。

若使花情犹识旧，此朝投报莫疑新。

10. 尔孚复以诗乞余长春花此种固来自尔孚也（明·郭之奇）

长春花发倍添春，春浅春深识故人。

人日看春春日旧，春为人旧令花新。

图2-33　清代居廉《月季》

图2-34　清代恽寿平《月季》

图2-32　沈铨《绣球月季》

图2-35　清代李鱓《月季》

11. 春日杂书 其六（明·顾清）

种花种长春，君子有深意。

愿得堂上人，红颜亦如是。

12. 题赵侍郎所藏画三首 其二 月月红（明·夏原吉）

仙子凌晨理醉容，馀脂都洒绿云丛。

天风一夕开阊阖，吹散秋花月月红。

13. 画堂春 长春（明·高濂）

为怜恶雨与憎风。一春摇落芳丛。

春残不逐春归去，占住春工。

矮架短屏色艳，笼烟笑日香称。

一枝不断四时中，月月长红。

14. 菩萨蛮 题月季花神像（清·王倩）

深红浅白番番换。生来不受春拘管。

相对又思家。闺中曾种它。

惜花情郑重。小倚阑干弄。

侬意要亲攀，和伊簪两鬟。

15. 烛影摇红 月季（清·庄棫）

廿四番风，漫将花信从头数。

一年一月一番新，不解情如许。

海峤灵根暗孕，斗婵娟、尹邢共住。

重帷深闭，匀粉调脂，含烟和露。

仙影重楼，晚春旧约荼蘼误。

剪绒娇女艳隋宫，画阁还重遇。

筛月笼云胃雾。倚金尊、深宵缓度。

碧芽徐引，芳意深缄，莫教春去。

16. 月季花（清·李若琳）

月季花开应月明，幽芳艳质四时荣。

光华未许蛇螫蚀，免使东坡和再生。

17. 月季花 清·孙星衍

已共寒梅留晚节，也随桃李斗浓葩。

才人相见都相赏，天下风流是此花。

18. 月季 清·李鳝

粉团如语启朱唇，赏此春光解趣人。

老眼独怜枝上刺，不教蜂蝶近花身。

19. 月季花（清·缪公恩）

猗猗叶自凌冬绿，艳艳花常逐月红。

桃颊柳眉休浪妒，芳心原不斗春风。

20. 长春花 其一（清·乾隆）

瑶池桃实三千岁，树各春秋不相妨。

月月花开十二度，女夷批判岂辞忙。

21. 长春花 其二（清·乾隆）

浅深红晕足精神，婉娩韶光逐月新。

岂是女夷偏注意，故教四季总含春。

22. 长春花 其三（清·乾隆）

梢头月月看花放，四季难分花谱门。

临水一枝宜照影，有人疑是苎萝村

23. 长春花 其四（清·乾隆）

女夷神柄此花司，一月一开芳四时，

秋菊春兰欲相问，长春名目属应谁。

24. 长春花 其五（清·乾隆）

四季花头恒作春，卉中斯可号仙人，

虽然尚有开和谢，好向图中认本真。

图2-36　华嵒《蔷薇山鸟图》　　图2-37　华嵒《蔷薇山鸟图》（局部）

此时期关于月季的名家名品详见图2-24、图2-25、图2-26、图2-27、图2-28、图2-29、图2-30、图2-31、图2-32、图2-33、图2-34、图2-35、图2-36、图2-37。

更分深浅两般色，不作寻常一面妆

——古老月季及其对世界月季育种的影响

    江南园林的粉墙黛瓦间，偶尔能遇到一类特殊的月季。其枝干柔然，花朵清美，冷绿的叶幕中，似萦绕着百年昆曲的吴侬软语。她们就是全世界月季研究者们心中的传奇：中国古老月季（图2-39）。

    月季育种学家们将1867年以前培育的月季品种称为"古老月季"，中国的古老月季，无疑是其中最辉煌绚烂的一群。宋代司马温《月季新谱》中，已记载月季上上品和上品17个；清代《月季花谱》（图2-38）中记载上品10种，白色38种，黄色11种，紫黑色11种，红色57种，复色4种，共计达131个品种。

    清末文学家刘鹗在《老残游记》中提到，仅在淮安一地，就有数十个古老月季品种："淮安月季，本来有名，种数极多，大约有七、八十个名头，其中以蓝田碧玉为最。"《老残游记》的第二章，还特别介绍了"蓝田碧玉"这一古老月季名种："这朵花，总有上

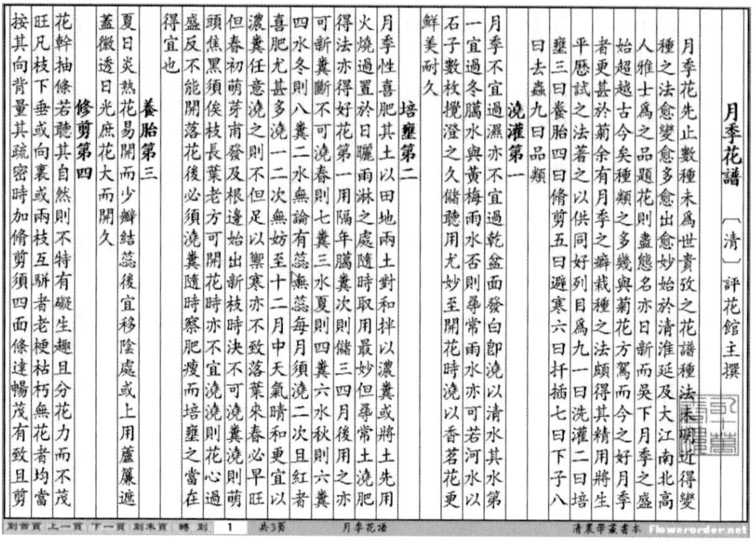

月季花譜 〔清〕評花館主撰

月季花先止數種未爲世貴攷之花譜種法未明近得變
種之法愈變愈多愈出愈妙始於清淮延及大江南北高
人雅士爲之品題花則盡態名亦日新而奐下月季之盛
始超越古今矣種類之多幾與菊花方駕而今之好月季
者更甚於菊余有月季之癖栽種之法頗得其精用將生
平歷試之法著之以供同好列目爲九一曰澆灌二曰培
壅三曰養胎四曰脩剪五曰避寒六曰扦插七曰下子八
曰去蟲九曰品類

澆灌第一

月季不宜過濕亦不宜過乾盆面發白卽澆以清水其水第
一宜過冬臘水與黃梅雨水否則尋常雨水亦可若河水以
石子數枚攪澄之久儲聽用尤妙至開花時澆以香茗花更
鮮美耐久

培壅第二

月季性喜肥其土以田地兩土對和拌以濃糞或將土先用
火燒過置於日曬雨淋之處隨時取用最妙但尋常土澆肥
得法亦得好花第一用隔年臘糞次則儲三四月後用之亦
可新糞斷不可澆春則七糞三水夏則四糞六水秋則六糞
四水冬則八糞二水無論有蕊無蕊每月須澆二次且紅者
喜肥尤甚多澆一二次無妨至十二月中天氣晴和更宜以
濃糞任意澆之則不但足以禦寒亦不致落葉來春必早旺
但春初萌芽甫發及根邊始出新枝時決不可澆糞澆則萌
頭焦黑須俟枝長葉老方可開花時亦不宜澆澆則花心過
盛反不能開落花後必須澆糞隨時察肥瘦而培壅之當在
得宜也

養胎第三

夏日炎熱花易開而少瓣結蕊後宜移陰處或上用蘆簾遮
蓋微透日光庶花大而開久

修剪第四

花幹抽條若聽其自然則不特有礙生趣且分花力而不茂
旺凡枝下垂或向裏或兩枝互駢者老梗枯朽無花者均當
按其向背量其疏密時加脩剪須四面條達暢茂有致且剪

到首頁 上一頁 下一頁 到末頁 轉到 1 共3頁 月季花譜 Flowerorder.net

图2-38 清代评花馆主《月季花谱》

千的瓣子，外面看像是白的，细看又带绿色。……平时碧玉没有香味，这种都有香的，而又香得极清，连兰花的香都显得浊了。”

意大利人郎世宁（Giuseppe Castiglione，1688—1766年），清康熙54年（1715年）作为天主教耶稣会的修道士来中国传教，随即成为清代宫廷画家，历任康、雍、乾三朝，在中国从事绘画达50多年。郎世宁（图2-40、图2-41、图2-42、图2-43）曾参与圆明园的设计，得以接触大量清宫花卉，其欧洲风格的花卉画注重明暗及透视，以工致细腻的笔触，刻画出花瓣、叶片的细节。他的笔下描绘了不少中国的古老月季，其姿态丰满高贵，花色浓艳动人，真实记录了中国古老月季的神韵。

西方月季育种家对中国古老月季垂涎三尺，自明清时代起就大

图2-40　郎世宁《仙萼长春图册》
（黄月季）

图2-39　清代虞沅《月季翠鸟》

图2-41　郎世宁《观鹤图》

图2-42 郎世宁《万寿长春图》　　图2-43 郎世宁《十骏犬图之五 暮空鹊》

量引种。为了珍贵的中国月季种苗，正在交战的英法两国甚至达成默契，暂时停战以保证运花的货船通过。欧洲本没有四季开花的品种，正是引入了中国的'月月红''月月粉''彩晕香水''淡黄香水'等品种，才逐渐育成了四季开花、抗病能力极强的杂种香水月季，后来居上，成为世界月季的霸主。

时至今日，欧洲的月季花圃中仍旧保留着大量的中国古老月季，其数量甚至多于中国（图2-44、图2-45、图2-46、图2-47）。只是她们大多已被更名改姓，再无法获知当初的本名。据说，只有一株名为"White Pearl in Red Dragon's Mouth"，还能准确还原出

图2-44　著名玫瑰画家雷杜德手绘中国彩晕香水月季（*Rosa ordorata* "Hume's Blush Tea-scented China"）

图2-45　著名玫瑰画家雷杜德手绘中国古老月季'斯莱特中国红'（*Rosa chinensis* "Slater's Crimson China"）

图2-46　著名玫瑰画家雷杜德手绘中国古老月季与欧洲蔷薇最重要的杂交种之一：波特兰蔷薇（*Portland Rose*）

图 2-47　著名玫瑰画家雷杜德手绘中国古老月季与欧洲蔷薇最重要的杂交种之一：波旁蔷薇（*Bourbon Rose*）

她百年前离家时的名字："赤龙含珠。"

而中国本土的古老月季，亦如近代中国的国运，在战争与动荡中勉强流传，曾经"才人相见都相赏，天下风流是此花"的辉煌渐没，只能栖身于少数颓败的庭园宅院中。

20世纪40年代，上海等地开始引进国外的现代月季，其花大、色艳、香浓、枝壮，迅速受到了社会各界的欢迎，中国古老月季更受冷落；50年代以后，更多的外国品种引入中国，其中不乏"和平"月季等世界名种，本就色彩淡雅、花朵娇小的中国古老月季更无人问津，逐渐被人遗忘与抛弃。

中国传统的国兰、梅花、牡丹、菊花，由于中外审美习惯的差异，尚未受到如此强烈的冲击。月季贵为世界第一名花，中国古老月季在潮水般涌入的西洋品种前遭到毁灭性打击，越来越多的古代名品被当做弱苗、劣苗拔掉。其实，她们并不娇弱，反而比大多数西洋品种更适应中国的环境，更不容易沾染病虫害。她们的花朵也并不寒酸，那与生俱来的文化之美、意蕴之美、恬静之美、秀丽之美，使每一株角落里的古老月季，仿佛一幅耐人寻味的古画，待有心人静静细品。

正是这份坚韧，让中国古老月季熬过了最艰难的百年时光。

进入20世纪90年代，分子育种学研究表明，中国古老月季中有大量月季花（*Rosa chinensis*）的纯合体，它们既是现代月季育种的基石，也是解决当代月季育种的钥匙。国外许多月季研究项目，尤其是遗传学和分子生物学研究，均以中国古老月季为试验材料。在培育多次开花、特殊花色及具有一定抗病、抗逆性的新品种时，古

一尖已剥胭脂笔，四破犹包翡翠茸

——近现代月季栽培

○ 起步阶段

民国时期的北京，仍旧是方方正正、坐北朝南的皇都格局。棋盘线似的街道上，西北商帮骑着骆驼穿城而过；南北对称的胡同里，栽种着防备荒年的大枣树。就在此时北京的一座四合院里，突然冒出了一座种满了西洋月季的花园，不但拥有200多个优良品种，而且已经使用针管向植株韧皮部注射营养液。中国近代月季栽培的曙光，在古老的北京胡同里悄然露出。

花园的主人名叫吴赍熙（1881—1951年），是一位富于传奇色彩的著名华侨。他早年留学英国剑桥大学，拿下医学博士等七个学位，成为南洋著名的企业家。20世纪30年代，吴赍熙（图2-48）在

图2-48　1930年冬，吴赉熙在北平南洋华侨俱乐部与侨胞的合影，前排左二为吴
赉熙（图片来自百度）

东城区赵堂子胡同购地定居，在院子里建设了一个三亩半地的月季园。当时北京月季品种较少，更不知现代月季为何物，吴赉熙自海外重金引进新优品种，扩繁到1000多株，他还购买了大量英文月季专著研读，掌握了当时最先进的月季种植技术。每当月季盛开时，吴赉熙便邀请协和医院的林宗扬、林巧稚，以及友人林宰平、梁秋水、林语堂、于非、蒋风之、刘天华等来到家中赏花，朋友们在国外也参观过月季园，但都认为吴赉熙的月季园设计更美，且富于独特的东方韵味。

　　抗日战争爆发后，吴赉熙的夫人殉难于南京大屠杀，儿子亦弃笔从戎，奔赴前线抗战。吴赉熙一面秘密联络海外华侨，为抗战捐款，一面仍精心莳养着月季花。1951年，吴赉熙身染重病，他一生珍藏的月季花无后人愿意接管，而他又对其他愿意接手的人要求甚

图2-49　京剧艺术大师梅兰芳在1930年创作的《蔷薇图》

图2-50　梅兰芳绘制的月季花扇面

图2-51　吴昌硕枇杷蔷薇开

图2-52　近代绘画大师潘天寿的名画《睡鸟图》，一朵艳丽的蔷薇花与一只半眠的鸟儿形成戏剧性的对比，画中有自作诗"一天微雨老蔷薇"

高，提出其必须具备4个条件。

第一，年富力强，要把种月季当做一生的事业；第二，要有足够的财力，买下自己的月季花；第三，懂英文，可以研读他一生积累的欧美几十本月季花专门书刊；第四，家里要有大院子，能把月季花移植过去。

在百废待兴的中国，能满足这4个条件的人寥寥无几，将种花作为终身事业更是天方夜谭。眼看数百株月季花即将遭遇人亡花陨的厄运，一位奇女子出手买下了吴赍熙先生的月季花，她满足了吴赍熙先生提出的一切条件，特别是其中的第一条：将月季作为一生的事业。

她的名字叫：蒋恩钿。她开启了中国近现代月季栽培的第一阶段：恢复发展时期。

图2-53 "月季夫人"蒋恩钿　　　　　　　　图2-54 蒋恩钿在自家月季园中
　　（图片来自百度）　　　　　　　　　　　（图片来自百度）

　　蒋恩钿（图2-53、图2-54）是江苏太仓人，1929年进入清华大学西洋文学系，与钱钟书、万家宝（曹禺）、吴晗等为同窗好友，气质脱俗的蒋恩钿被誉为"民国清华四大才女"之一。毕业后，蒋恩钿嫁给了银行家陈谦受，夫妻二人在新中国成立后毅然回国，投入到新中国的建设之中。陈谦受投身于金融领域，而蒋恩钿则决心让每一个中国人，都能欣赏到优雅迷人的月季花。

　　重金买下吴赉熙的月季园后，蒋恩钿进行了第一次大规模移植，将几百株月季种植在自家庭院中，她从零学起，仔细阅读吴赉熙留下的英文专著，逐渐成为了行家里手。后来丈夫调至天津工作，蒋恩钿又进行了第二次大规模移植，将400多株月季花种到了天津。1958年，为迎接国庆10周年，时任北京市副市长的吴晗专程到天津拜访蒋恩钿夫妇，提出要在人民大会堂周围建一个月季园（图2-55）。蒋恩钿在丈夫的支持下，将这批珍贵的月季花全部捐给了国家，并亲自设计、监督，进行了第三次大规模移植。国庆10周年时，数百种月季在人民大会堂前一起开放，让诸多市民一饱眼福。遗憾的是，这些月季花在"文革"期间被全部

图2-55 1959年蒋恩钿和丈夫陈谦受在
人民大会堂月季花园前留影
（图片来自百度）

铲除，在原地种上了茄子。

1959年，蒋恩钿应北京市园林局之邀出任顾问，专门负责月季种植。她的工作地点设在天坛公园，却不拿公园的工资，只拿往返京津的车旅补贴，即每月50元的车马费。为了照顾天津的家，蒋恩钿一个星期在北京工作，一个星期回天津。在天津，她住的是舒适的别墅，而在天坛公园，她只有一间小小的平房，房间里只有一床、一桌、两个旧沙发、一个简易书架。最糟糕的是没有厕所，只能去户外的蹲坑。

到北京工作时，蒋恩钿早上从天津坐火车到北京，手提一只白藤条篮，里面总有几枝月季花枝，赶到天坛公园住处，她脱掉呢大衣，换上自制的与普通女工一样的工作服，就到月季花园工作。每天吃早饭时，她自带一个竹壳暖瓶打热水，不要工作人员帮忙。早上是一碗棒子面粥，半个馒头就咸菜。中午她实在吃不下窝窝头，就到小食堂买一碗馄饨两个烧饼。

她的培育基地选在祈年殿西北的一片桃园内，有4个十二三岁的男孩和一个清洁工当徒弟。桃园边的小工棚里有一把三条腿的破藤椅，断腿用几块砖垫着，藤椅中间还有一个洞，只能用破棉衣堵住。蒋恩钿经常坐在这把破藤椅上给工人讲栽培技术，在她的言传身教下，五个徒弟都成了种植月季的能手，那个清洁工就是后来全国著名的月季专家刘好勤师傅。

1963年5月中旬，天坛公园迎来第一个月季花季。成千上万的市民争相前来观赏，朱德、陈毅、张鼎丞、王稼祥、郭沫若等也来参观。有一次，朱德、陈毅一起来到月季园，蒋恩钿也在场，陈毅对朱德说，你是兰花司令（朱德喜欢养兰花），然后指着蒋恩钿说，你是月季夫人。从此，中国"月季夫人"的美名传播四海，在欧美月季种植圈中也享有极高声誉。

1959—1966年的七年中，蒋恩钿为天坛公园收集了3000多个品种、7000多株月季，还与陶然亭公园的陆翠斋工程师合作，建设了陶然亭月季园。利用回天津的时间，她不但恢复了家里的月季园，还和天津园林局的马筠筠工程师一起，帮助建了天津睦南道月季园——七年四座月季园，"月季夫人"可谓实至名归。

正在她要继续为中国的月季事业奋斗时，文革爆发，北京各地的月季园受到冲击，幸亏徒弟刘好勤及时锁住了位于斋宫高墙内的苗圃大门，才使天坛的月季品种得以保存至今。

另外，其他著名大师也纷纷作画以示对月季的喜爱（图2-49、图2-50、图2-51、图2-52）。

○ 发展阶段

1977—1998年，中国近现代月季进入第二个阶段：发展阶段。

这一时期，全国各地掀起了"月季热潮"，表现在3个方面：第一，在绿化祖国，美化环境的号召下，各地建设了大量月季园、月

图2-57 我国近代著名国画家康师尧的月
季绘画作品《友谊长春》

图2-56 近代著名画家陈半丁的《月季》　图2-58 近代著名画家常玉的《蔷薇花束》

图2-59　近代　邱稚　向迪琮蔷薇扇

图2-60　近代　金西厓　月季草虫

季街，先后有50多个城市把月季选为"市花"；第二，'白杰作''光辉''红双喜'等国外优秀品种引入我国，中国月季育种者重新跟上了世界月季发展的脚步；第三，月季生产企业发展迅猛，一批月季种植专业户发展壮大，月季产业发展如日中天。

　　近代绘画大师也纷纷将月季之美展现于他们的画作之中（图2-56、图2-57、图2-58、图2-59、图2-60）。

○ 对外贸易与知识产权保护阶段

　　在无数月季人的汗水灌溉下，中国的月季产业急起直追，用了短短二十几年走完了西方上百年的道路，开启了产业发展的第三阶段：对外贸易与知识产权保护阶段。

　　改革开放后，中国月季产量逐年增长，对外出口成为化解过剩产能、赚取外汇的重要途径。与此同时，1998年出台的《植物新品种保护法》，也进一步加快了中国月季产业与世界的对接。一批优秀的月季企业家走出国门，按照国际贸易规则，将中国月季带向了世界。

昆明杨月季园艺公司总经理杨玉勇是其中的代表人物之一。杨玉勇的月季生产基地原本建在辽宁省辽阳市。1998年时，他的月季鲜切花已经卖到了北京和上海，公司固定资产达到600多万元。然而，辽阳冬季气候寒冷，无法做到周年供应。为了打开国外市场，杨玉勇毅然决定停掉所有在辽阳基地的投资，把主要资金转移到云南。

为了出口，让自家的月季花参与国际竞争，杨玉勇破天荒地主动找到国外公司，购买国外最新的月季品种，支付高昂的专利费，进行标准化生产。与杨玉勇合作的法国梅郎月季公司从20世纪90年代就开始与中国交流，但收益几乎为零。杨玉勇按照国际惯例，每繁殖一株小苗栽到田里，就向梅郎公司支付80美分的专利费，一年就给了对方4万美金。他从不拖欠费用，用诚信建立起相互的信任。

在当时中国的花卉行业中，杨玉勇遵守品种保护规则，成本大大高于其他企业，但他种植的专利品种能顺畅的销售到国外，卖出了更高的价格，也因此站稳了脚跟。

2000年5月，杨玉勇在一片粉色的月季花海中，发现了一株变异植株，其花朵白中带绿，如冰清玉洁的美人，独立于一片胭脂粉红之中。经过连续3年的观察测试和小规模扩繁生产，发现其主要形态特征遗传稳定，杨玉勇遂于2003年7月申请国家林业局的植物新品种保护，2004年9月获得新品种权，品种权号为20030016，品种定名为'冰清'（图2-61），这是我国第一个拥有自主知识产权的切花月季品种。此后不久，杨玉勇又育成新品种'往日情怀'

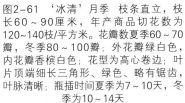

图2-61 '冰清'月季 枝条直立，枝长60～90厘米，年产商品切花数为120~140枝/平方米。花瓣数夏季60～70瓣，冬季80～100瓣；外花瓣绿白色，内花瓣香槟白色；花型为高心卷边；叶片顶端细长三角形、绿色、略有锯齿，叶脉清晰；瓶插时间夏季为7～10天，冬季为10～14天

图2-62 '往日情怀'

（图2-62），其花型优雅复古，且瓶插观赏期很长。

由于一直按照国际规则开拓市场，杨玉勇的'冰清'与'往日情怀'一经推出，立刻受到国际市场的接纳。其年销量很快达到50多万支，远销德国、日本及香港地区，创造了数万美元的利润。

清香暗度如脐麝，紫艳光生夺海霞

——中国现代月季育种

我国现代月季育种，分为萌芽（图2-64）、快速发展及科学发展三个阶段。

○ 萌芽阶段

1956年，杭州花圃建立。这里荟萃了老杭州一批最优秀的花匠，传承了旧中国最古老、最精细的花园手艺：盆景、兰花、艺菊。一盆一石间浸透着水墨濡染的风骨，一茎一干里蕴含着十年磨剑的工夫。

不过，当老花匠们遇到现代月季育种这一科技含量极高的命题，却难免有些手足无措：种源匮乏、理论薄弱、英语知识基本为零……此时就要育出月季新品种，简直是天方夜谭的幻想。

杭州花圃中，一个年轻的花工悄悄向这个幻想进发，他的名字叫宗荣林。宗荣林1932年出生于一个花农家庭，迫于生计，初小毕业就随父亲种花糊口。他的园艺基本功很扎实，再难种的花草到了他的手中，都长得青翠活泼。但他并不满足，一直想要掌握科学育种的理论，有一天，他终于得了一本前苏联园艺家米丘林的小册子，读完后试着在一株大丽花上接了四个品种，开出四种颜色的花朵。此后，他杂交培育了一百多个大丽花新品种，在杭州花市上远近闻名。

为了月季育种，宗荣林在繁重的生产间隙坚持自学，啃完了米丘林、摩尔根、布尔班克等育种家的大部头著作，还自修了英语、日语，借助词典阅读国外的月季科技资料。这让他的月季杂交育种实验既有园艺高手的直觉，又有科学试验的依据。1957年，宗荣林利用人工授粉、自然杂交实生苗选育的方法，培育出两个月季新品种：'黑麒麟'和'金桂飘香'，这是我国有确切记载的首批自育现代月季品种。

1962年，宗荣林再次育出6个月季新品种：'北京之晨''紫霞''黑旋风''春雷''迎春''战地黄花'，在中国月季圈中广为流传，至今仍有种植。1965年召开的全国月季专题园艺会议上，将杭州规划为月季育种中心，此时宗荣林的月季园中，已收集到600多个

图2-63　宗荣林培育的月季新品种'绿云'

品种，在全国首屈一指。

一年后"文革"爆发，宗荣林的月季园被彻底摧毁，令他痛彻心扉。中国月季育种的星星之火，也从此开始了长达十年的蛰伏。

图2-64 近代著名画家徐悲鸿的《月季》

○ 快速发展阶段

十年风雨过后，中国月季育种非但没有消逝，反而愈发健康蓬勃。20世纪80—90年代，迎来了前所未有的育种热潮。从农林院校、公园乃至民间月季爱好者，都纷纷尝试育种，可谓"八仙过海，各显神通"。

"文革"中，宗荣林用铁丝网圈下一小块地，艰难地保存下500多个品种，得以迅速恢复月季育种。1979年，他培育出新品种'绿云'（图2-63），其花高心阔瓣、皱边翘角，几乎集中了月季花型的所有优点，洁白的色泽中清晰地透着绿晕，同时期国外的相似品种也甘拜下风。

除了宗荣林这样的月季名家，民间月季育种也是这一时期的重要力量。比如北京的月季育种名家李鸿权。

李鸿权1961年毕业于北方交通大学，1989年之前一直在铁道部科学研究院从事铁道科学研究。1972年，李鸿权开始钻研月季育种，一有空闲，就骑上自行车，兜里揣两个馒头，夹点咸菜，从北城一路骑车到南城的天坛公园，找到蒋恩钿的弟子刘好勤师傅。从刘师傅那里得到好品种的芽子，赶紧骑车回家嫁接保存。

图2-65　李鸿权培育的月季新品种"怡红院"

1977年，李鸿权以'和平'为父本，'蓝月'为母本，育成新品种'春雨'，该品种获得第一届全国花卉博览会"科技进步奖"。此后，李鸿权又育成26个月季新品种，其中包括著名的'怡红院'（图2-65），该品种获得中国第二届花卉博览会二等奖及日本月季竞赛（JRC）铜奖，这是中国月季新品种首次在重要的国际月季赛事中获奖，也由此

图2-66　树状月季

图2-67　立体造型月季

获得了国际月季品种登陆。

这一时期，我国月季育种蔚然成风。王世光、薛永卿编著的《中国现代月季》统计，1957—2007年50年间，中国共育成337个现代月季品种（图2-66、图2-67）。其中，杂种香水月季239种，占70.9%；丰花月季34种，占10.1%；攀援月季32种，占9.5%；灌丛月季12种，占3.6%；壮花月季和微型月季各4种，各占1.2%；小姐妹月季1种，约占0.3%，其他11种，约占3.2%。

○ 科学发展阶段

20世纪90年代，我国月季育种逐渐进入科学化发展阶段。

一方面，继续通过种内杂交、远缘杂交、人工诱变等传统方法，选育新的优良品种。

北京林业大学马燕、陈俊愉等自1986年起利用中国古老月季'秋水芙蓉''月月粉'等与国产蔷薇属野生种报春刺玫、黄刺玫、黄蔷薇，以及现代月季进行远缘杂交，选育出10个观赏性和抗逆性均十分优良的品种，如'雪山娇霞''野火春风''一片冰心''春芙蓉''珍珠云'等。

新疆石河子地区园林科研所用高度耐寒的宽刺蔷薇、弯刺蔷薇与130个优良的现代月季品种杂交，选育出能在-32℃低温下自然露地越冬、一年三季开花的月季新品系。

黄善武等用野生弯刺蔷薇、疏花蔷薇等与现代月季杂交，培育出了耐低温、抗病性强、生长健壮的优良品种'天山之光''天山之星''天香'等。

江苏常州市园林工作者采用杂交、芽变等方法培育出'万花筒''龙城春色''香妃''赤松球''新牡丹''宣春''娇霞''山地黄''春朦胧''彩蝶''古城秋色'11个新品种。

另一方面，大力开展细胞生理、基因工程等基础研究，开拓月季育种的新路。

1990年黄善武等人用辐射诱变与有性杂交相结合的方法，育出花朵整个花期豆绿色的'绿星'，并指出月季花朵的绿色，来源于叶绿素。

目前，我国月季育种已逐步与世界接轨，将主要育种目标锁定在以下八大方向。

1. 花色育种

培育绿色、蓝色、奇异的复色和变色。

2. 株型育种

培育高大的树状月季与适宜盆栽的微型月季。

3. 抗寒性育种

解决在高寒地区的月季栽培问题。

4. 抗病虫害育种

培育抗黑斑病、白粉病、蚜虫、介壳虫等病虫害的新品种。

5. 抗旱性育种

培育适宜在干旱环境中栽培的月季品种。

6. 连续开花性育种

进一步提高月季的开花性。

7. 香味育种

加入更多的香味类型。

8. 果实综合品质育种

培育果实观赏性更强及能够食用的品种。

芳芳之花

甘温无毒，消肿解毒

——餐桌上的月季

所谓"秀色可餐"，月季花正是既养眼又养身的佳物（图3-1、图3-2、图3-3、图3-4）。

传统中医认为，月季花性甘温，无毒，有活血调经、解毒消肿之功效，可治疗月经不调、痛经、闭经、跌打损伤及瘀血肿痛。

图3-1　月季与饮食
（图片来自百度）

图3-2　月季花茶
（图片来自百度）

现代药理研究表明，月季花含有挥发油类、鞣质类、酚酸类以及黄酮类物质，具有较强的抗氧化、抗菌及保护胰岛细胞的作用。

图3-3　月季花饮料
（图片来自百度）

所谓抗氧化，就是清除致人衰老的自由基，使青春常驻，减少致癌的几率。食品工程学家曾分析月季花的抗氧化能力，发现其能有效去除自由基，在特定浓度条件下，清除能力甚至高于大名鼎鼎的绿茶提取物：茶多酚。我国科学家还发现，月季花水提物能够提高胰岛细胞的抗氧化能力，对外源性一氧化氮NO造成的胰岛细胞损伤有很好的保护作用，这堪称是糖尿病患者福音。

图3-4　月季花红枣粥
（图片来自百度）

传统中医药讲究"药食同源"，月季花不但能治病，更是防病强身的营养食材。

我国科学家分析月季花的营养成分，发现每百克月季花中，含有蛋白质0.92克，脂肪0.87克，糖分5.5克，维生素$B_1$0.35毫克，维生素$B_2$0.7毫克，钙26.37毫克，营养价值并不亚于香椿叶，尤其维

第三篇

芬芳之花

生素B_1与维生素B_2的含量较高，分别为香椿叶的5倍和7倍。

蛋白质是人体必需的营养成分，由多种氨基酸组成，进一步研究月季花的氨基酸成分，其含有人体所需大部分氨基酸，种类齐全，含量较高。其氨基酸综合评价指数达73，远高于谷类（44）、豆类（18），只略低于鱼类蛋白质指数（75），见下表。

表　月季花花瓣中样中氨基酸含量　　　单位：mg/100g

非必需氨基酸	含量	必需氨基酸	含量
丝氨酸 Ser	350	苏氨酸 Thr	280
谷氨酸 Glu	760	缬氨酸 Val	370
天冬氨酸 Asp	720	蛋氨酸 + 半胱氨酸	160
组氨酸 His	130	异亮氨酸 Ile	320
甘氨酸 Gly	320	亮氨酸 Leu	340
丙氨酸 Ala	430	色氨酸 aTrp	60
胱氨酸 Cys	70	赖氨酸 Lys	430
脯氨酸 ProP	460	苯丙氨酸 + 酪氨酸	580
精氨酸 Arg	340		

饮茶是摄取月季营养的良方，《中华风味茶》中记载了大量月季花茶配方：

月季花茶：鲜月季花20克，红茶2克，白糖20克，开水泡饮。有活血调经、消肿止痛之功效。适用于跌打损伤、痛经等症。

四季花茶：月季花、玫瑰花、桂花、凌霄花各适量，酌加红糖，沸水泡饮。有活血化瘀、消肿止痛之功效。

月季红枣茶：月季花10克，红枣3~5枚，蜂蜜适量。有助于活血调经、滋养气血，辅助调理经期潮热和失眠症状。

月季代代花茶：月季花5克，代代花5克。

月季牡丹茶：月季花5克，牡丹花1朵。

早在宋代，古人便开始以月季入肴。《梦梁录》载："蔷薇。宝相。月季。小牡丹。粉团。徘徊。贵官家以花片制作饼儿供筵。"潘胜利在《百花食谱》中，更详细介绍了当今流行的月季菜肴做法，如：

月季花炸鸡条

原料：新鲜月季花瓣30克，鸡胸脯肉200克，香芹菜50克，甘草15克，鸡蛋1个，五香粉、面包粉、咖喱粉、面粉、白兰地酒、姜汁、盐、味精适量。

制作方法：鸡脯肉洗净，切成条状，与鸡蛋清、白兰地、姜汁、盐、味精拌匀，放置半小时；月季花瓣、香芹菜洗净，切丝；甘草煎汁，与面粉调成糊状，再把五香粉、咖喱粉、面包粉和月季花丝、香芹菜丝等一起放入面粉糊中，拌匀；锅里油六成热时，把鸡脯肉条放在面粉糊中滚一下，捞出，放入油锅，炸成金黄色，置盘即可。

月季鱼片

原料：新鲜的月季花瓣50克，青鱼肉100克，鲜蘑菇50克，冬笋50克，生姜、葱白、黄酒、鸡汤、盐、味精、水淀粉适量。

制作方法：冬笋、蘑菇切片，火腿、月季花瓣、葱白、生姜切丝；青鱼肉切薄片，加入黄酒、盐、水淀粉、味精拌匀，放置1小时；锅中油热时，放入青鱼肉，至六分熟，立即捞出；再在锅中放些许油，把葱白、姜丝煸出香气，倒入笋片、蘑菇、鸡汤、盐、黄酒同炒，再加水淀粉、味精，略煮；最后放入青鱼肉和月季花丝，略翻炒即可。

月季虾仁豆腐

原料：豆腐300克，新鲜的月季花瓣20克，虾仁50克，鲜蘑菇100克，竹笋尖30克，鸡汤、盐、胡椒粉适量。

制作方法：月季花瓣洗净、切粗丝；虾仁洗净，蘑菇、竹笋尖切薄片；将豆腐、竹笋、蘑菇、虾仁、月季花丝和鸡汤共煨；最后以盐和胡椒粉调味。

月季花酒

原料：新鲜月季花瓣200克，甘草20克，绍兴黄酒1000克。

制作方法：月季花瓣、甘草洗净放入酒坛中；倒入黄酒浸泡、封存；20天后启封即可。

月季花粥

原料：新鲜月季花瓣30克，龙眼肉50克，蜂蜜100克，糯米200克。

制作方法：月季花洗净、切碎；龙眼肉洗净、切碎与糯米共煮粥；在粥将成时，调入蜂蜜和月季花，稍煮即可。

花如含露，叶若迎风

——生活中的月季

○ 月季吉祥图案

苏轼诗云："花开花落无间断，春来春去不相关。牡丹最贵惟春晚，芍药虽繁只夏初。唯有此花开不厌，一年长占四时春。"（《月季》）在中国民俗文化中，月季花正因其四季开花的独特习性，被赋予"四季长春""花开四季""万代长春"的美好寓意。

图3-5　民间月季吉祥图案

图3-6　山东蓬莱制作的月季图案窗花

中国月季吉祥图案（图3-5），主要出现在以下3种场合。

第一，在家居生活中，单独的月季花（图3-6）寓意"四季平安""万代长春"；花瓶中插月季花（图3-7），由"瓶"谐音"平"，意为"四季平安"；月季花与如意形的云纹配合（图3-8），寓意"四季如意"。

图3-7　瓶中插月季吉祥图案

图3-8　月季与云纹搭配图案

图3-9　月季与葫芦搭配图案

图3-10　童子怀抱瓶插月季图案

图3-11　月季与寿字搭配图案

图3-12　群芳祝寿图案

　　第二，婚礼祝福时，月季花寓意"四季花好，千年永圆"；月季花与葫芦组合（图3-9），葫芦籽粒繁多，月季四季花开，寓意子孙后代绵延兴旺，千秋万代（图3-10）。

　　第三，在祝寿贺礼上，月季花与"寿"字搭配（图3-11），寓意"春光常在，长生不老"；桃、竹、灵芝组合（图3-12），有"群芳祝寿"之意；月季花与天竹、南瓜和月季花组合代表"天地长春"；白头翁栖于寿石旁月季上表示"长春白头"。

○ 月季与服饰纹样

服饰纹样是生活的艺术，具有质朴的生活情趣与独特的艺术风格。自清代起，月季花已成为中国最常用的服饰植物纹样之一。

月季花是清代服饰的常见纹样。如清光绪年代的一件"深藕荷色月季花纹织金缎小坎肩"（图3-13、图3-14），坎肩质地为丝绸，圆立领，右衽，琵琶襟，无袖，左右开裾。在深藕荷色的纹地上，用圆金线绣有一大四小共五丛月季花，设计者并没有采用常见的对称构图，而是将一大丛月季花置于视觉中心，精确刻画其枝叶、花苞及盛放的花朵，足见当时人们对月季的喜爱。

清康熙年间绣制的"黑地折枝花卉百蝶纹妆花缎女帔"（图3-15、图3-16），其上绣有月季、梅花、桃花、梨花、牡丹、石榴花、菊花等花卉，纹饰用捻金和片金线绞边，增强了立体感，在黑地的衬托下备显高贵而美艳。所谓"女帔"，是清代的戏曲服

图3-13　清光绪年代深藕荷色月季花纹织金缎小坎肩

图3-14　清光绪年代深藕荷色月季花纹织金缎小坎肩（局部）

图3-15 清康熙年间"黑地折枝花卉百
蝶纹妆花缎女帔"

图3-16 清康熙年间"黑地折枝花卉百
蝶纹妆花缎女帔"（局部）

装，以表现帝王后妃、豪宦乡绅在燕居场合的服装，源于明代贵族
妇女的礼服"大袖褙子"。这件"女帔"上绣有两种月季花，一种
是粉色重瓣品种，花瓣边缘勾白边以表现其立体感；另一种是红瓣
白心的单瓣品种，很像今天的丰花月季。

　　昆曲中，专门有一类花神扮演者的服饰，名为"花神衣"
（图3-17、图3-18）。花神衣一套十二件，为不同月份的花神准备，
做工精湛，价格极为昂贵，《扬州画舫录》记载："小张班十二月
花神衣，价至万余金。"现存清光绪年间"月白缎绣月季花纹花神
衣"，直领，对襟，阔袖，裾左右开。周身以白缎绣折枝花卉，尤
以月季花纹最为突出，以蝴蝶等纹饰为镶曲边，内滚玫瑰边一道。
衣身以散点式绣折枝月季花，间饰彩蝶，平金双环纹。

　　我国织绣技艺在世界享有崇高的声誉，其中，纯供观赏的织绣
品称为"织绣画"，往往以名人书画为范本，以针代笔，使之跃然
再现于绸绢之上。所绣作品追求书画的笔墨技巧，不仅形似，而且
具有原书画的气韵风采。

图3-17　清光绪年间"月白缎绣月季花
　　　　纹花神衣"

图3-18　清光绪年间"月白缎绣月季花
　　　　纹花神衣"（局部）

月季花大量出现在我国的织绣作品之中。

清乾隆年间作品《缂丝山雀月季图册页》（图3-19），一只山雀立于月季花枝头，俯视下方，旁边衬以太湖石。太湖石亦称"寿石"，喻"长寿"，月季花喻"长春"，两者搭配组成"长寿常春"的美好寓意。所谓"缂丝"，是我国观赏性织绣的一个门类，指用丝线以通经断纬（或回纬）的方法织成的织绣品。2009年9月，缂丝入选世界非物质文化遗产。

同一时期，还有缂丝作品《乾隆御制诗花卉册》（图3-20），该册页共8开，分别织有玉兰、月季、桃花、望春花、芍药、石榴花、紫藤

图3-19　清乾隆年间作品《缂丝山雀月
　　　　季图册页》

图3-20 《乾隆御制诗花卉册 月季》

图3-21 清代缂丝月季花鸟镜心

图3-22 清代缂丝月季花鸟镜心（局部）

花、水仙花，并以隶书缂织乾隆御制七言绝句诗一首。画法既有传统工笔重彩法，又有恽寿平的设色没骨法，属于清代“院体”花鸟画。缂工细致，沉稳典雅。其中月季花册页上织有三朵盛放的花朵，另有初开的蓓蕾与青涩的果实，两只小鸟在枝头啼叫，其意境正如右下角的绝句所说：“更始番风到几巡，蔷薇浥露发花新，无端丽影刚垂架，惹得窗前雀啅人。”除此之处，还有《清代缂丝月季花鸟镜心》（图3-21、图3-22）也是缂丝精品。

○ 月季花纹与瓷器

瓷器是中国的名片。那青白的背景上，印着远山凝黛，绿水清

图3-23　康熙时代釉里红加彩
月季花马蹄尊

图3-24　雍正粉彩月季纹盘

图3-25　雍正粉彩月季纹盘
（月季花朵局部）

波，旧时山河已逝，人情俱如云烟，唯有一朵朵永远盛开的月季花，讲述着曾经的光辉岁月。

中国月季纹饰瓷器以清代康、雍、乾三朝最为常见。康熙月季纹饰对花朵的刻划细致，而花叶多为写意，见有五彩、釉里红器物。如本时期的"釉里红加彩月季花马蹄尊"（图3-23），通体施透明釉，外壁以釉里红绘月季花朵，卷曲的花瓣极富质感。月季叶片以绿彩涂染，上以褐彩勾筋，叶片一开裂处亦以褐彩点饰，甚至将叶片的阴阳向背都表现得惟妙惟肖。器物整体构图疏朗，设色雅致，为康熙官窑精品。

雍正时代的月季花纹饰应用更广，其特点一是写实意味浓厚，一瓣一叶一果都精细描摹，做到花有反侧，叶有阴阳；二是多与竹类、山石、水仙等构成相对固定的构图，富于吉祥的寓意；三是色彩艳丽，层次清晰，线条流畅。如雍正"粉彩月季纹盘"（图3-24、图3-25）。

盘内绘有月季、野粟、小野菊及两只飞舞的野蜂。月季花勾线利落,内以粉彩渲染,并见有细细的花脉,叶片生动真实,反侧明显。上有墨书诗句"朝朝笼丽月,岁岁占长春"。诗中有画,画中有诗。底有青花双圈"大清雍正年制"楷款。

乾隆官窑月季纹饰画面完整,质感强烈,有如传统工笔花鸟画般细腻传神。月季花常与竹雀等组成完整的灰暗面,绘工细腻,色彩艳丽,有珐琅彩、粉彩器物。本时期的"粉彩四季长春图碗"(图3-28),胎质细腻,釉色纯美。碗内光素无纹,外壁绘粉彩折枝月季,寓意"四季长春"。月季花朵以胭脂红料彩绘就,笔法写实,层次分明,果实中有嫣红一点,亦有很强的装饰性。

18世纪是中国与欧洲贸易的鼎盛时期。康熙二十三年海禁解除,青花、五彩、珐琅彩(图3-26)、粉彩(图3-27)等众多中国瓷器进

图3-26　清雍正 料胎画珐琅花蝶纹瓶

图3-27　清雍正 粉彩月季花纹撇口碗

图3-28　乾隆 粉彩四季长春图碗

入欧洲，成为欧洲人梦寐以求的家居器物。月季花此时在欧洲也广为种植，月季图案自然也成为中国外销瓷最重要的纹饰之一。

乾隆年间"青花庭院花鸟纹盘"（图3-29），釉体莹润，胎质细白。盘心绘制一座中国传统庭院，有山石芭蕉，庭轩飞鸟。一株月季花昂然盛开，富贵雍容，还有一茎结果枝条依傍周围，极为写实生动。纹盘边沿四个开光中分绘苍松、翠竹，富于浓郁的东方气息。再如同一时期瑞典贵族冯罗森在中国定制的"粉彩镂雕果篮"（图3-30），分果篮和果盘两件，果篮底部与果盘的中间都有一枝含苞待放的月季，色彩鲜艳，写实逼真，极具西方装饰特色。月季周围还用黄、绿、蓝、红四色小花朵装饰网状的篮身与盘沿，细腻精巧。

月季还经常出现在我国的瓷板画中。瓷板画（图3-32、图3-33）是我国瓷器中特殊的一类。它是一种直接在瓷片上绘画的瓷制艺术品，烘烧后画面永不褪色。瓷板工艺复杂，是陶瓷生产工艺不断完善的产物。瓷板画能大量移植国画、油画、粉画和水彩画等美术作品，具有更纯粹的文化品格。如民国著名瓷画师毕伯涛的

图3-29　乾隆年间青花庭院花鸟
　　　　纹盘

图3-30　乾隆年间粉彩镂雕果篮

图3-31　毕伯涛绘粉彩花
鸟图瓷板

图3-32　康熙年间斗彩花
鸟蜂蝶图双面瓷板

图3-33　康熙年间五彩花
鸟图元宝形瓷板

"粉彩花鸟图瓷板"，（图3-31）一朵月季花盛开在画面上方，略显稀疏的叶片与众多嫣红的果实，说明此时已是夏秋时节。清瘦的月季与前景古桩相互呼应，辅以两只禽鸟，极富自然气息。

○ 月季与古代生活用品

中国是月季的故乡，月季花不仅出现在花园中，更以不同形象烙印在日常生活里。中国古人日用器物中，雅如文房四宝，俗如纸扇雕盘，随处都能看到月季花端庄秀雅的清影。

如清乾隆年间制造的"鸡翅木管刻御制诗蔷薇花紫毫笔"（图3-34、图3-35），此为清代宫廷流行的笔式。笔管使用名贵的鸡翅木制成，木质致密，紫褐色的自然纹理深浅相间，其上刻有乾隆赋咏蔷薇花的诗句："上品从来称淡黄，开花易盛久难当。休言有刺不堪把，卫足应同讥鲍荘。"笔帽上刻着一茎优雅的蔷薇花枝，线条填充金黄色，以对应"上品从来称淡黄"的诗意，极为工巧。

古代文房器物中的典型月季纹样，还有康熙年间"五彩月季花纹苹果尊"（图3-36）。所谓"苹果尊"，是清代康熙年间的一种独

第三篇

芬芳之花

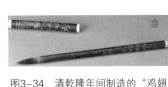 

图3-34 清乾隆年间制造的"鸡翅 图3-35 "鸡翅木管刻御制诗蔷薇花紫毫笔"
木管刻御制诗蔷薇花紫毫笔" （笔帽局部）

特的书房盛水器，其体型小巧玲珑，能单手把玩，宛如一个活灵活现、滋润娇美的苹果。"五彩月季花纹苹果尊"的外壁以釉里红加彩饰绘制两组折枝月季花，红花、绿叶、白底清淡素雅，意境悠然。此物是康熙文房之名品，底足落"大清康熙年制"楷书款。

折扇最早出现于宋代，由扇骨、扇页、扇面三部分构成。明代折扇开始风行中国，永乐皇帝曾命令内务府大量制作折扇，并在扇面上题诗赋词，分赠于大臣。从此，中国的文人雅士开始相互赠送题诗作画的折扇，以传递友谊。清代折扇（图3-38、图3-39、图3-40）更成为高雅生活的象征，成为悬挂在腰间的奢侈品。美丽的扇面上有雄浑的山水、动人的诗篇、美丽的花卉，寓意四季长春的月季花，自然也成为当时最常见的扇面图案。如清代画家翟继昌

图3-36 康熙年间"五彩月季花纹苹果尊"

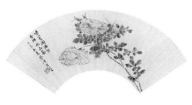

图3-37　清代画家翟继昌的月季花扇面

图3-38　清代画家丁宝书的"月季双禽"扇面

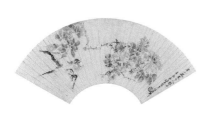

图3-39　清代绘画名家任薰的"月季飞禽"扇面

图3-40　清代画家朱偁的月季花团扇

的月季花扇面（图3-37），其上绘有三朵姿态各异的月季花，对枝刺及叶片边缘的锯齿均有细致的描摹，印鉴题识为："紫苞开满架，香拂水晶帘。己未孟夏，琴峰翟继昌。"

月季花还是清代室内家具陈设的常见纹饰。如乾隆时期的"黑漆描金藤萝纹圆盘"（图3-41），盘体为木胎，造型周

图3-41　乾隆时期"黑漆描金藤萝纹圆盘"

正大方。黑漆地饰彩金象描金花纹，一株月季花盛开在太湖石旁，上方有一架虬屈的紫藤缠绕松树，悠然盛开。月季、松树、藤萝、山石分别采用深浅不同的三色金描绘而成，呈现出色泽的变化，具有很强的装饰性，为乾隆时期黑漆描金的代表作品。

制作于清康熙年间的"彩漆戗金花卉纹几"（图3-42），整体为不规则云片造型，流畅别致。以写实花卉为装饰纹样，绘有一茎百合花，一树玉兰花，以及一朵大红色的月季，月季所占比例虽然不及玉兰，但却是整个画面的视觉中心。图案色彩为暖色格调，柔和典雅，贴近自然，以细划沟戗金勾出花纹轮廓及脉络。几底面中央镌刻填金楷书"大清康熙年制"横行六字款。

图3-42　清康熙年间"彩漆戗金花卉纹几"

○ 月季与现代生活用品

月季花纹饰在现代生活用品中的应用极广。通常有写实、简化、夸张三种构图方式。写实是按照月季花自然形态描摹，追求形

图3-43　近代著名画家丰　　图3-44　月季花壁纸　　图3-45　玫瑰造型腕表
　　子恺《蔷薇之刺》

神皆似的真实感；简化是对月季花自然形态进行取舍、提炼以适应装饰的需要，其优点主要是突出特点、省略次要；夸张，即强调月季花局部形态特征，突出重点，强化装饰效果（图3-43、图3-44、图3-45）。

　　2005年，中国人民银行发行第5套人民币，10元面值纸币正面有一朵盛开的金色月季，水印也为月季图案（图3-46、图3-47）。这幅月季的设计原型是著名的"甘谷月季"。甘肃省甘谷县花卉栽培历史悠久，自汉代便开始种植蔷薇类观赏植物。甘谷县志载，清

图3-46　第5套人民币10元面值纸币　　图3-47　第5套人民币10元面值纸币
　　　　　　　　　　　　　　　　　　　　　　　（月季花局部）

乾隆十三年（1748年）时，甘谷已有月季38个品种。1999年，"中国昆明世界园艺博览会"月季专题竞赛中，甘谷月季获1金6银7铜共14枚奖牌，从此声名鹊起，名扬四海。

结婚证是男人给女人最好的情书，自民国至今日，我国已有数百种造型各异的结婚证书，其中既有美好的祝词，如民国结婚证上云："两姓联姻，一堂缔约，良缘永结，匹配同称。看此日桃花灼灼，宜室宜家，卜他年瓜瓞绵绵，尔昌尔炽。谨以白头之约，书向鸿笺，好将红叶之盟，载明鸳谱。此证。"优美吉祥的花卉图案也是结婚证书上的重要装饰物，有"爱情长春"之喻的月季花更是结婚证上的主要图案。

如20世纪60年代的一张结婚证（图3-48），下方是拖拉机耕种的良田，左右两侧顶端是象征丰收的麦穗，两列月季花装饰左右，花色嫣红娇艳，烘托出新婚的喜庆氛围。细看两列月季花的色彩，还有一明一暗的区分，表现自然光照的特点，足见画师的细心。再

图3-48　20世纪60年代结婚证

图3-49　1982年的结婚证

如1982年的一张结婚证（图3-49），画面中已没有稻穗和拖拉机，唯有粉红、橘黄、大红、靛蓝四种颜色的月季花，图案下部还有两枚对称的月季果实，更加生动写实。

现代工艺品上的月季花形象不胜枚举，妙笔神韵层出不穷。如民国刻竹名家徐素白的"月季草虫笔筒"（图3-50），笔筒通体刻一株月季花，造型栩栩如生，如临风泣露，亦如月下照影。月季花瓣与叶片上的光影效果逼真，蹁跹花间的蝴蝶翅膀都有点点粉痕，足见作者手法的细腻。笔筒上下缘皆镶象牙口，富贵典雅。筒身上题："辛丑春日，寒汀画素白刻。"

图3-50　徐素白的"月季草虫笔筒"

结屏之花，蔷薇居首

——城市中的月季

花朵，是一座城市中最能抚慰人心的风景。

市花，藏着一座城市最柔软的心情。

月季，既没有牡丹的富贵，也不及梅花的清雅，却用一份逐月盛开的执着感动了千万国人，被选为中国五十多座城市的市

图3-51 北京奥运会期间的月季花坛

图3-52 用月季品种'粉扇'嫁接的树状月季，为城市绿地增加更加精致的景观

图3-53 藤本月季品种'光谱'，是城市立体绿化的主力

图3-54 '冰山'月季，华北地区11月底至12月初仍有花开放，是北京及周边地区城市绿化的优良品种

图3-55 杂交茶香月季'摩纳哥公主'长势强健，适于绿地种植

图3-56 切花月季品种'金香玉'

花，创造了一段芬芳的奇迹（图3-51、图3-52、图3-53、图3-54、图3-55、图3-56）。

○ 市花月季（表3-1）

1983年1月，郑州市率先将月季确定为市花。月季与郑州这座中原名都皆有坚韧质朴、奋勉努力的性格。郑州市园林绿化部门建设了中原路、建设路和陇海路等一批闻名省内外的"月季大道"。20世纪80年代中后期，仅郑州市区内种植的月季品种就多达800多种，郑州市的月季科研存园品种更是达到了1000多个品种，并形成了面积达800多亩的月季花繁育基地，郑州因此又被称为"月季城"。

2005年，郑州绿化工人郭满仓谱写了一曲《月季颂》，他只上过7年学，但凭着自己对月季的喜爱，用了整整四年时间一句一句哼唱出了这首歌："月季啊月季，花开时真美丽，月季啊月季，你的芳香使人迷。好花哪有几日红，你却四季有生机。可爱的城市有了你，充满亲切和友谊，我们的家庭有了你，和睦美满又温馨……"虽然歌词并不华丽，却唱出了一个平凡百姓对月季花的柔情与依恋。

1985年，江苏淮安市将月季确定为市花，这座曾经的月季名都从此重新出发，开始了美丽的征程。

淮安曾是中国月季育种的中心之一。明清两代，本地因漕河盐运繁华一时，官宦云集，物阜民丰，月季花也成为市民喜闻乐见的观赏花卉。同治年间淮安人刘传绰著《月季花谱》，由清末重臣张之洞的哥哥、内阁大学士张之万亲作序，其中写道："同治庚午岁，余秉节漕河，时江淮甫际承平，民物丰阜，平泉花木之胜，刘郡皆然。有月季花一种，争奇斗艳，多至百余品，每赐以嘉名，余极爱之，生平宦辙所经，得未曾见。追抚吴后，乞养家居，吴中尚无此多品，每年购自淮扬……及回京后，南中诸友，时有所贻。"可见当时淮安月季品种已多达百种，超过江浙两地，连京城大员也要从此购花馈赠友人。

确立市花两年后，淮安市月季园建成，种植月季品种达700余种，成为全国搜集、繁殖月季品种最多的园林之一。尤为可贵的是，这里保存着许多珍稀的中国古老月季品种，是月季引种、育种的重要基地。

1987年，北京市开展了轰轰烈烈的市花评选活动——一座千年古都，决定听从人民的声音，选择象征自己精神的花卉。评选活动的高潮是在中山公园举办的"爱首都、议市花市树游园活动"，共有15万人参予市花投票，可谓盛况空前。最终，月季、菊花得票数名列前茅。同年3月21日，经北京市第八届人民代表大会六次会议审议通过，正式将月季与菊花定为首都市花。

相较于最终的结果，民主投票的过程以及人们对花朵的热爱更令人感佩。当时盛况，至今回味都令人感慨万千，如《中国花卉报》当时的报道：

五色土上，两万多盆鲜花和上千株树丛中，摆满了月季、菊花、芍药等四十余种花卉和十余种树木供人评议。

中山堂里，《花满京城议市花》的录像和两边布置的十种树、十种花的图片资料，向游人介绍了各种花卉树木的科技知识。

中山堂前两侧的树丛中，四十一位专家在咨询台前认真解答群众提出的各种问题。

家住前门的八十一岁高龄的退休老人孙绍臣，一人拄着拐棍来到中山公园，投票选国槐做市树。全国人大代表，九十三岁的老人张国基特意投银杏一票。西四北小学、丰台区成寿寺小学、北京一五六中学等二十六所中小学，组织一千多名青少年游园，进行爱花爱树、爱大自然的教育。

六天内，游园群众投票近两万张，月季、菊花、银杏、国槐名列前茅。

十二日，北京和外地的二十八位名画家董寿平、武中奇、卢光照、胡爽金等来到中山公园，挥毫泼墨，作画赋诗。著名评剧演员李忆兰等艺术界人士，归国侨胞和蒙古驻华使馆人员，美国、意大利等五十多位国际友人参加了游园活动。这次活动中，有一百多个单位集体组织参观。天津市、河北省保定市派出代表团前来参加了游园。国务委员陈慕华、中央顾问委员会常委王首道、农牧渔业部部长何康等同志和部分地方领导，都为这次游园活动题了词。

表3-1 以月季为市花的中国城市

省区	城市	年度	省区	城市	年度	省区	城市	年度
北京	北京	1987		宜昌			青岛	
天津	天津	1984		十堰			威海	
河北	石家庄	1997	湖北	沙市			济宁	
	唐山	2003		随州		山东	莱州	
	邢台	1985		恩施			滨州	
	辛集			衡阳			胶南	
	廊坊		湖南	邵阳			潍坊	
	邯郸	2014		娄底		河南	郑州	1983
	沧州	1989		湘潭			商丘	1986

省区	城市	年度	省区	城市	年度	省区	城市	年度
辽宁	大连		广西	柳州		河南	焦作	1984
	锦州		宁夏	石嘴山			濮阳	
	辽阳			新余			漯河	
江苏	常州		江西	吉安			灵宝	
	淮安			南昌	1985		三门峡	
	淮阴			鹰潭	1986		平顶山	2013
	泰州		甘肃	天水			新乡	
	宿迁			兰州			信阳	
	太仓		四川	德阳			开封	
	芜湖			绵阳		福建	莆田	
	安庆	1986		西昌	1985			
安徽	阜阳		西藏	拉萨				
	淮南		陕西	西安				
	淮北			咸阳				
	蚌埠							

○ 月季专类园（表3-2）

月季专类园是属于月季花的城堡。

徜徉其中，最领略月季花的千娇百媚。亭前池畔，月季花或一枝独秀，千娇百媚；或一丛照水，沉鱼落雁；或独占一方，姹紫嫣红……月季专类园起源于欧洲，通常指以现代月季为主要种植对象，结合蔷薇科蔷薇属其他植物建成的花卉专类园，是集园林造景、品种展示、新品种培育、科研科普于一体的多功能园区。

一座优秀的月季专类园，首先要能培育出优雅健康的月季花，做到三季有花、芬芳馥郁；其次要收集足够丰富的月季品种，从粗朴的野生种类，到柔雅的古老品种，再到时尚的现代类群，全面展示月季的多样风情；最后，要为月季花搭配适宜的景观伴侣，形成优美的风景，与众不同的韵味——令人一见倾心，三顾流连。

我国第一座大型月季园，是1959年到1963年由蒋恩钿女士协助建设的天坛月季公园。1963年5月中旬，天坛公园迎来第一个月季花季，刚刚战胜三年自然灾害的市民竞相观花，在缤纷花朵中重新看到了生活的希望。

图3-57　江苏太仓恩钿月季园

图3-58　沈阳博览园月季园

图3-59　北京市植物园月季园

我国第一座以人物命名的月季主题公园，是2009年建成于江苏太仓的恩钿月季园（图3-57）。这座月季园的设计主题就是为了纪念蒋恩钿对中国月季事业的杰出贡献，其中建设有恩钿纪念馆。

我国月季品种最多的月季园，是沈阳博览园月季园（图3-58）。其占地10000平方米，栽植3000多个月季品种，也是全世界品种最丰富的月季园。虽然地处寒带，但该园采用地源热泵采暖技术，即使冬季温室里也有月季盛开。

表3-2　我国主要月季专类园

名称	建成时间	面积（公顷）	品种数量（个）	定位
北京天坛公园月季园	1963	1.4	3000	我国最早的月季专类园。通过展览形式将月季栽培与文化结合，以优质盆栽月季为主要发展方向
深圳市人民公园	1983	13	300	中国首个"世界优秀月季园"。以月季为主题特色的市级综合性公园，以创意盆景为特色，侧重收集古老月季品种
淮安月季园	1986	4.9	500	集月季品种生产、繁殖、科研、观赏、咨询、供销为一体的月季专类园

第三篇　芬芳之花

143

名称	建成时间	面积（公顷）	品种数量（个）	定 位
郑州月季公园	1989	7.7	1000	集科研、观赏于一体，为市民提供赏品月季、交流学习月季历史文化、休闲游乐的场所
北京植物园月季园	1993	7	1200	我国第一个功能齐全的大型月季专类园。搜集保存品种资源，展示品种多样性，为月季的品种开发、科研和育种奠定基础，2015 年被由世界月季联合会组织评为"世界杰出月季园"
常州紫荆公园	1996	0.58	1000	2012 年获"世界优秀月季园"。以东经 120 度经线这一地理特色为建设主题，集旅游、生态、科普于一体
石家庄月季公园	2003	8.7	500	集观赏、休闲、科普、科研为一体的月季专类公园
沈阳博览园月季园	2004	1	3000	位于沈阳世界园艺博览园内，是目前我国月季品种最多的月季专类园之一
太仓恩钿月季园	2009	15.3	700	为纪念中国"月季夫人"蒋恩钿而建，集月季品种展示、生态休闲、人文历史、教育会展为一体
莱州市中华月季园	2010	13.3	1500	我国目前品种较全、规模较大的月季园。集观赏、休闲娱乐、科研为一体，容自然、和谐为一身的生态月季园

荼蘼弄影，月季飘香

——《红楼梦》中的蔷薇属植物

《红楼梦》，是一部缠绵在花园里的浪漫传奇。

蔷薇花，是这部传奇中出现频率最高、最具有象征意味的花卉之一。

在第六十三回《寿怡红群芳开夜宴》中，众女郎齐集怡红院为宝玉过生日，玩一种"掣花签"的游戏。每支花签上都画着一种花，写着一句唐宋人的诗，象征着抽到此签的女子的命运，这便是统领红楼梦全书的著名花谶：

宝钗，是"任负浓华过此身"的牡丹花；

探春，是"日边红杏倚云栽"的杏花；

李纨，是"竹篱茅舍自甘心"的老梅；

湘云，是"只恐夜深花睡去"的海棠；

香菱，是"连理枝头花正开"的并蒂花；

黛玉，是"莫怨东风当自嗟"的荷花；

袭人，是"寻得桃源好避秦"的桃花……

而唯一一位见证贾府盛极而衰的全程、陪伴宝玉直到最后的重要人物麝月抽到的，正是蔷薇科、蔷薇属的"荼蘼花"，其植物学名为悬钩子蔷薇（*Rosa rubus*）。花签上的题诗为宋人王琪的《春暮游小园》诗："一从梅粉褪残妆，涂抹新红上海棠。开到荼蘼花事了，丝丝天棘出莓墙"。荼蘼花在初夏盛开，此时春意消歇，百花凋谢，万千花之精魂将永别人间，飞上天界。

曹雪芹以荼蘼花代表麝月及整个贾府的命运，足见其对此花的爱重。不仅如此，在整部《红楼梦》中，以月季为代表的蔷薇属观赏植物频繁出现，构成了一道独特的风景。

○ 月季

月季花在《红楼梦》中共出现三次，皆与书中人物的生活密切相关。

第一次是在第十七回"大观园试才题对额，荣国府归省庆元宵"中，贾府上下为元妃省亲一事奔忙，"至十五日五鼓，自贾母等有爵者，皆按品服大妆。园内各处，帐舞蟠龙，帘飞彩凤，金银焕彩，珠宝争辉，鼎焚百合之香，瓶插长春之蕊，静悄无人咳嗽。"月季花又称"长春花"，因其四时开花，且瓶插观赏时间较长，很早便成为中国古人重要的插花花材。元妃省亲是贾府的头等大事，在环境布置时特意强调"瓶插长春之蕊"，反映出月季花在古人室内环境布置中的重要地位。

第二次是元妃省亲时赏赐贾母："金、玉如意各一柄，沉香拐拄一根，伽楠念珠一串，'富贵长春'宫缎四匹。"所谓"富贵长春宫缎"，正是包含月季与牡丹图案的绸缎，以牡丹象征富贵，以月季寄喻长春，这反映出月季花纹在中国传统服装上的应用。

第三次是第五十六回"敏探春兴利除宿弊，时宝钗小惠全大体"中，李纨说："怡红院别说别的，单只说春夏天一季的玫瑰，共下多少花儿？还有那一带篱笆上的蔷薇、月季、宝相、金银藤，单这些没要紧的草花干了，卖到茶叶铺和药铺去，也值不少钱呢。"如前文所述，月季花瓣具有药用价值，因此，李纨才提议将其采摘出售。

○ 蔷薇

蔷薇花在《红楼梦》中出现十余次，构成两类意象，一是庭园遮阴及观赏用的"蔷薇架"；二是化妆用的"蔷薇硝"。

"蔷薇架"意象如第十七回《大观园试才题对额 荣国府归省庆元宵》："院中满架蔷薇、宝相。转过花障，则见青溪前阻。"

又如第三十回《宝钗借扇机带双敲 龄官划蔷痴及局外》："只见赤日当空，树阴合地，满耳蝉声，静无人语。刚到了蔷薇花架，只听有人哽噎之声。宝玉心中疑惑，便站住细听，果然架下那边有人。如今五月之际，那蔷薇正是花叶茂盛之际，宝玉便悄悄的隔着篱笆洞儿一看，只见一个女孩子蹲在花下，手里拿着根绾头的簪子在地下抠土，一面悄悄的流泪。"

宝玉仔细观察发现，这女子其实是在地上写字，"只见那女孩子还在那里画呢，画来画去，还是个'蔷'字。再看，还是个'蔷'字。里面的原是早已痴了，画完一个又画一个，已经画了有几千个'蔷'。"写字的女孩名叫龄官，是贾家买来的十二个唱戏的女孩之一，有着林黛玉的敏感与清高，她的恋人是贾蔷。曹雪芹安排她在蔷薇花架下思念情人，既提供了一个芬芳静谧的环境，又暗示了她恋人的姓名，可谓妙笔。

"蔷薇硝"意象出现在第五十九回《柳叶渚边嗔莺咤燕 绛云轩里召将飞符》："一日清晓，宝钗春困已醒。……于是唤起湘云等人来，一面梳洗，湘云因说两腮作痒，恐又犯了杏斑癣，因问宝钗要些蔷薇硝来。"

此外，第六十回《茉莉粉替去蔷薇硝 玫瑰露引出茯苓霜》中，宝玉"因笑问芳官手里是什么。芳官便忙递与宝玉瞧，又说是擦春癣的蔷薇硝。宝玉笑道：'亏他想得到。'贾环听了，便伸着头瞧了一瞧，又闻得一股清香，便弯着腰向靴桶内掏出一张纸来托着，笑说：'好哥哥，给我一半儿。'宝玉只得要与他。"由此可知，"蔷薇硝"在当时应是一种功能性的护肤品，用来抑制皮肤上的真菌及细菌。由于价格较为昂贵，因此作为人们相互间馈赠的礼品。

○ 荼蘼架、木香棚与玫瑰清露

《红楼梦》第十七回"大观园试才题对额 荣国府归省庆元宵"

中，贾政带领众人"转过山坡，穿花度柳，抚石依泉，过了茶蘼架，再入木香棚，越牡丹亭，度芍药圃，入蔷薇院，出芭蕉坞，盘旋曲折。"在这段对大观园的描述中，依次出现了"茶蘼架""木香棚""蔷薇院"三个与蔷薇科植物相关的景观。其中，搭设棚架栽培茶蘼与木香，是古人庭园中常见的种植形式，特别是在江南一带，赋咏"茶蘼架"的诗句如：

"风吹一架茶蘼雪，酒恶频将玉蕊挼。"（白玉蟾《春词 其五》）

"压架茶蘼百万枝，月边花下更涟漪。"（苏泂《金陵杂兴二百首 其一六九》）

"茶蘼结架三百间，为君醉倒骄旁观。"（洪咨夔《次李公谨美人行见寄》）

"唤回蝴蝶三更梦，吟落茶蘼一架花。"（胡仲弓《夜饮颐斋以灯前细雨檐花落为韵分得前字又得花字赋二首 其二》）

赋咏"木香棚"的诗句如：

"留得临湖春雨观，东风摇落木香棚。"（罗志仁《题汪水云诗卷 其三》）

"棚上雪香棚下客，暂时分得橘中天。"（曹伯启《与孙大方真人对酌木香棚下》）

"柔条细叶，爱微风吹起，一棚香雾。剪到牡丹春已尽，又把春光钩住。"（顾太清《念奴娇》）

《红楼梦》中的玫瑰花少见于观赏，多用于食才及香料。如第三十四回"情中情因情感妹妹 错里错以错劝哥哥"中，彩云"去了半日，果然拿了两瓶来，付与袭人。袭人看时，只见两个玻璃小瓶，却有三寸大小，上面螺丝银盖，鹅黄笺上写着'木樨清露'，那一个写着'玫瑰清露'。袭人笑道：'好金贵东西！这么个小瓶子，能有多少？'王夫人道：'那是进上的，你没看见鹅黄笺子？你好生替他收着，别糟踏了。"书中提到"玫瑰清露"是当时的皇家贡品，可谓无价之宝。

第六十回"茉莉粉替去蔷薇硝 玫瑰露引来茯苓霜"中，芳官将宝玉的玫瑰露转赠给柳五儿："芳官拿了一个五寸来高的小玻璃瓶来，迎亮照看，里面小半瓶胭脂一般的汁子，还道是宝玉吃的西洋葡萄酒。母女两个忙说：'快拿旋子烫滚水，你且坐下。'芳官笑道：'就剩了这些，连瓶子都给你们罢。'五儿听了，方知是玫瑰露，忙接了，谢了又谢。"

红学泰斗周汝昌先生考证发现，曹雪芹的祖父曹寅曾经向康熙进贡八罐玫瑰露，这也是《红楼梦》中玫瑰露描写的直接源头："康熙三十六年四月二十九日，又有内务府总管海拉逊转奏寅进腌鲥，蛋及两种玫瑰露八击罐"（《红楼梦新证》）。曹雪芹很可能在少年时使用过玫瑰露，方能在《红楼梦》中有如此细腻的描写。

圣洁之花

芳香及药用阶段

　　蔷薇属植物起源于距今6000万至7000万年前的中亚地区，到了距今5300万至3650万年前的始新世时期，它们已遍布整个北半球——其分布最北端到达挪威、阿拉斯加，最南端到达北非、墨西哥。美国、德国、南斯拉夫等地均有蔷薇属植物化石出土，其中，美国佛罗里达州佛罗利桑特岩床上发现了4000万年前的蔷薇叶化石（图4-1），俄勒冈州、蒙大拿州发现的蔷薇叶化石也可追溯到3500万年前。

图4-1　美国出土的蔷薇叶化石标本

1. 古希腊的蔷薇属植物栽培

　　人类认识蔷薇属植物的历史在5000年左右，首先发现蔷

图4-2　太阳神玫瑰币

图4-3　太阳神玫瑰币（正面）

图4-4　古希腊科学家狄奥弗拉斯画像
（图片来自百度）

薇属植物之美的是古希腊文明。距今大约3000年的古希腊《荷马
史诗》中，多次提到"当年轻的黎明，垂着玫瑰红的手指，重现
天际……"，说明玫瑰已成为当时人们比喻美好事物的象征；距今
2300年，古希腊重要商业城市罗得岛（Rhodes）就以盛产玫瑰闻
名，其地名就是古希腊语"玫瑰"的意思，考古学家在当地发现的
"太阳神玫瑰图币"（图4-2、图4-3），背面清晰地雕刻着玫瑰花的
图；古希腊科学家狄奥弗拉斯（Theophrastus 公元前371—287年）
（图4-4）整理了古希腊已知的玫瑰品种，描述了不同品种从5～100
片不等的花瓣数目，这是人类已知的第一个有关玫瑰花植物学的形
态描述。

2. 古埃及的蔷薇属植物栽培

1888年，英国著名考古学家弗林德斯·皮特里在发掘上埃及古墓时，发现了玫瑰花环的残迹。他研究发现，这些花环在公元2世纪时已是葬礼中的重要装饰物，品种为法国蔷薇与阿比西尼亚圣玫瑰的杂交种。尽管花瓣已干枯，但仍保持着粉红的颜色，将其浸泡在水中，一段时间后又恢复到栩栩如生的状态。一些考古学家发现，古埃及图特摩斯四世法老（公元前14世纪）陵墓的墙壁上绘有玫瑰的图案，部分楔形文字也记载着古埃及利用玫瑰的资料。

3. 古罗马的蔷薇属植物栽培

距今2000余年的古罗马时代，出现了人类利用玫瑰的第一个高潮。罗马帝国鼎盛时期，无论是节日庆典还是婚丧礼仪，均要有玫瑰作为装饰（图4-5）。公元54—68年在位的皇帝尼禄，每次狂

图4-5 表现罗马帝国对玫瑰狂热之爱的油画《黑利阿加巴卢斯的玫瑰》

欢铺撒的玫瑰花瓣厚度，足以使宾客窒息。古罗马的贵族们常在家中建设玫瑰园，随时采摘新鲜的玫瑰花瓣；城市里也有大量公共玫瑰园，供普通百姓消遣娱乐。古罗马著名诗人贺拉斯（Quintus Horatius Flaccus，公元前65—公元前8年）就曾批评当时的罗马政府，允许占用麦田和果园兴建玫瑰园的短视做法。

4. 中世纪的蔷薇属植物栽培

随着古罗马帝国的衰亡，玫瑰种植业进入了低谷，只在少数教堂花园中作为药用植物保留下来。12世纪，欧洲人发现了玫瑰果酱的用途，可以用来治疗感冒、头痛，并有退烧的功效。在阿尔卑斯山北部，玫瑰作为药用植物种植在修道院的花园和小型药草园中。一位12世纪的女修道院园长曾经写道："玫瑰虽冷，但有很好的用途。在黎明时采几瓣玫瑰花瓣，放到眼睛上，它们会使你的双眼清澈，摆脱倦意。"16世纪以后，玫瑰的药用效果得到了进一步开发，人们常用于医疗的有玫瑰花瓣、根皮、新鲜果实等。

5. 文艺复兴时期的蔷薇属植物栽培

随着十字军东征（1096—1291年），中东地区出产的蔷薇属植物新品种进入欧洲，人们对玫瑰的兴趣开始复苏。14—16世纪文艺复兴时期，玫瑰重新成为人们心目中美好的象征，许多贵族以玫瑰图案作为家族徽章。英国历史上著名的"玫瑰战争"（1455—1485年），一方是以红玫瑰为象征的兰开斯特家族（The House of Lancaster），另一方是以白玫瑰为象征的约克家族（The House of York）。战争结束后，登上英国王位的亨利七世（Henry VII 1275—1313年）为了表示两大家族世代友好，将红白玫瑰融合在一

第四篇

圣洁之花

图4-6 红玫瑰、白玫瑰和都铎玫瑰

图4-7 绘有图都铎玫瑰图案的银币

起，创造出"都铎玫瑰"，这个符号也成为英格兰的象征（图4-6、图4-7）。

如今，英国全称"大不列颠及北爱尔兰联合王国"，由英格兰、苏格兰、北爱尔兰和威尔士四个国家联合而成，四国各有其国花。苏格兰是苏格兰刺蓟，威尔士是黄水仙，北爱尔兰为白车轴草，英格兰则为狗蔷薇（*Rosa canina*）。狗蔷薇是英国的原生种，强大的适应性与生命力，象征着英国人不惧恶劣环境的精神。所谓"都铎玫瑰"，正是红色与白色狗蔷薇的杂交种。伊丽莎白女王曾以蔷薇为剧场、军舰命名，以示嘉奖。在英格兰，有很多古建筑、雕塑上都刻有狗蔷薇图案。蔷薇一直在英国的徽章中扮演着重要角色。爱德华一世（1272—1307年）采用金色的带柄蔷薇徽章；爱德华四世（1461—1483年）采用的是白色蔷薇太阳徽章；伊丽莎白一世采用的是都铎蔷薇徽章，她的座右铭正是"无刺的蔷薇"（*Rosa sinespina*）。

保加利亚的国花是突厥蔷薇（*Rose damascena*），突厥蔷薇又名大马士革玫瑰（图4-8），在保加利亚多种植在湿润的谷地，可以提炼世界顶级的玫瑰精油。保加利亚中部的卡赞勒克山谷是种植突厥蔷薇的胜地，东西长约130千米、南北宽约15千米，海拔约350米，盛夏开花时节，山谷中花团锦簇，花香扑鼻，惹人心醉，因而获得了一个浪漫的名字"玫瑰谷"。

　　玫瑰谷中的突厥蔷薇最初引种自叙利亚，来到本地后逐渐发展为三十片花瓣的变型，因此又被称为"卡赞勒克玫瑰"。每年的5—6月是采摘玫瑰的季节，卡赞勒克山谷中恰好正值多云天气，阴凉的气候有效抑制了突厥蔷薇花中油性物质的蒸发，大大提高了本地玫瑰的品质。保加利亚将每年6月第一个星期天定为"玫瑰节"，至今已有110年的历史。"玫瑰节"最重要的内容是举办盛大的游行及歌舞表演，并评选出玫瑰皇后。

图4-8　大马士革玫瑰
（图片来自维基）

古老月季品种阶段

　　从16世纪初期到19世纪中期，欧美国家用了三百年时间，完成了从航海大发现到工业革命的飞跃——蔷薇属植物栽培也从药用及香料为主，过渡到以花园观赏为主，在"引种中国月季"及"杂交育种技术"两大因素促进下，最终培育出众多观赏性优良的古老月季品系，为现代月季育种奠定了坚实的基础。这一时期，按照中国月季花参与育种的程度不同，大体划分为以下两个阶段：

　　第一阶段：中国月季花初步引种阶段。中国月季花在欧洲一直被称为"中国蔷薇"（China rose）或"孟加拉蔷薇"（Bengal rose）。早在10世纪，欧洲人就看到了中国画上的月季；16世纪，意大利著名画家布隆奇诺（A.Bronzino，1503—1572）画了一张爱神丘比特的画像（图4-9），手中拿着一枝花型独特的粉色月季花，经月季专家赫斯特（C.C.Hurst）考证，认定这是一朵中国月季花，由此可以断定：至少在16世纪，意大利已经种植中国的月季花了。

图4-9　布隆奇诺爱神丘比特画像上的
中国月季（图片来自百度）

图4-10　月季花标本（*Rose chinensis*）

　　中国月季花正式进入欧洲，首先开始于植物分类学领域。1733
年，荷兰植物学家格罗诺夫（Gronovius）得到一份红色月季花干
标本（图4-10），并加以形态描述；1768年，荷兰植物学家贾坤
（N.J.Jacquin）再次核定标本后，将其命名为"中国月季花"*Rose
chinensis*，这一科学称谓至今仍为全世界所沿用。

　　这一时期，虽然中国月季已经开始陆续进入欧洲的花园，但尚
未大规模参与欧洲的蔷薇属植物育种。欧洲的月季育种者主要利用
本地品种杂交育种，这一时期的代表人物，就是大名鼎鼎的拿破仑
夫人：约瑟芬（Joséphine de Beauharnais）（图4-11）。1804年，约
瑟芬成为法国皇后，为了排遣拿破仑远征海外带来的孤独，在梅尔

梅森城堡建设了一座规模空前的玫瑰花园（图4-12、图4-13），到
1814年约瑟芬去世时，这座花园已拥有250多种、3万多株珍贵的蔷
薇属植物。英法战争期间，为了能定期将英国玫瑰运到法国，约
瑟芬为一位伦敦的园艺家办了特别护照，使他可以同玫瑰一起穿
过战线，为此，英法双方舰队甚至停止海战，让运送玫瑰的船只
通行。

图4-11　约瑟芬皇后像

图4-12　法国皇后约瑟芬的梅尔梅森城堡

图4-13　梅尔梅森城堡月季园

　　除了收集品种外，约瑟芬还邀请著名植物画家皮埃尔—约瑟
夫·雷杜德（Pierre-Joseph Redoute，1759—1840）将她收集的蔷
薇属植物绘制成《玫瑰图谱》，完整记录了这一时期欧洲月季的栽
培育种情况。

约瑟芬的蔷薇属植物中，一半以上是法国玫瑰（Gallica Rose），这是普遍分布于欧洲及亚洲西部的野生种，单瓣及重瓣均有，耐寒冷瘠薄环境，但只在每年春季开花一次；1/8是西洋玫瑰（Centifolia Rose），这是16世纪荷兰育种家培育的杂交品种，重瓣性较好，但每年也只能开花一次；大马士革玫瑰只有9种，是十字军东征带来的品种，花朵单瓣或半重瓣，有浓香，主要用于提炼玫瑰精油，其中的秋大马士革玫瑰（Autumn Damask），是唯一能在秋天二次开花的欧洲玫瑰；约瑟芬月季园中收集了22种中国月季，她们颜色丰富，能够反复多次开花，是所有品种中观赏性最好的一群——此时，中国月季品种尚未广泛参与欧洲月季的杂交育种，相关杂交品种也极少出现。

第二阶段：中国月季广泛引入欧美蔷薇属植物育种阶段。月季花进入欧洲后，凭借四季不断的花期及浪漫胭红的花色，迅速进行传播——1781年来到荷兰莱登植物园（Leiden Botanic Garden）；1789年来到英国和法国；1800年一部分变种引入美国南卡罗来纳州的查尔斯顿城……中国品种对欧美月季育种究竟起了多大作用？对比威廉·鲍尔（William Paul）编写的《月季花园》（The Rose Garden）第一版与第三版便可一目了然：1848年印刷的第一版记载法国玫瑰741种、大马士革玫瑰87种、西洋玫瑰76种、中国月季花参与杂交种106种；而1872年再版的第三版，仅记载法国玫瑰18种、大马士革玫瑰10种、西洋玫瑰7种，而中国月季花参与杂交种猛增至538种，成为毫无争议的主流品种。

19世纪初，随着现代杂交育种技术的成熟，中国月季品种广泛参与到欧美国家的月季育种中，欧美各国均兴起了一轮蓬勃的"月季育种浪潮"，开启了现代月季育种的先河——

英国

1800年，伦敦已经有了相当大的蔷薇苗圃，1815年开始用本国或欧洲产的蔷薇类杂交，1827年出版的《英国园艺》中已载有1059个蔷薇类品种，大部分是法国蔷薇（*Rosa gallica*）的后代。1880年，英国出口了第一批以中国月季花为亲本育出的深红杂种茶香月季。

法国

1815年得到中国的月季花，将其与突厥蔷薇杂交，形成数量庞大的波旁月季（Bourbon Rose）杂种群。19世纪中期，法国月季迎来飞跃式发展，1860年，法国市场上销售的月季品种仅有25个；到1870年，这一数字猛增到6000个。

美国

1773年，美国就开始了蔷薇类植物的搜集。1811年，中国月季花开始进入美国，并与南欧引入的麝香蔷薇（*Rosa moschata*）杂交，1846年，美国苗圃商的商品目录上已载有700余个蔷薇品种。

现代月季品种阶段

○ 杂交茶香月季的诞生

　　国际园艺界（图4-14）将1867年以前的月季品种统称为"古代月季"，将1867年以后育成的品种称为"现代月季"，之所以将1867年作为划分的节点，与杂交茶香月季的诞生直接相关。

图4-14　各类月季比赛奖牌

19世纪中期，欧美国家普遍种植的是"杂种长春月季"，其主要缺点是花量少、花期短、花色不够丰富。当时育种家们的努力方向，就是寻找新的基因组合，不断改善这些缺憾。1867年，法国育种家通过将杂种长春月季与中国月季、茶香月季反复杂交、回交，终于培育出具有划时代意义的品种'法兰西'（'La France'）——由此标志着一个崭新的月季品系"杂交茶香月季"（图4-15、图4-16、图4-17）（Hybrid Tea Roses，简称HT）的诞生。与杂种长春月季相比，杂交茶香月季具有四季开花、色彩丰富、花量巨大、耐寒性强等诸多优势，很快成为世界月季的主流品种。如今，全世界已有3万多个的月季品种，其中1.1万个是杂交茶香月季。

图4-15　杂交茶香月季　　图4-16　杂交茶香月季　　图4-17　杂交茶香月季
　　　　品种'大使'　　　　　　　品种'梅郎口红'　　　　　　品种'荣光'

○ 丰花月季的育成

1908年，德国育种家培育出一个独特的月季品种'欧秦'（'Gruss an Aachen'），其特点是：长势强壮、四季开花、花朵较小但能形成多而密集的花团。1930年，美国人尼古拉（J.H.Nicholas）将这一类月季

图4-18　丰花月季'新生的冰川'　　　图4-19　丰花月季品种

　　　　　　　　　　　　　　　　　　　　　'希拉之香'

品种命名为'丰花月季'（Floribunda Roses，FL）（图4-18、图4-19）。
此后，丹麦人斯文·鲍尔森（Sven Poulsen）育成一批优秀的丰花月季
品种，如'红帽子'（'Redhat'）、'爱尔·鲍尔森'（'Else Poulsen'）
等，引起全世界选育这一类型月季的热潮，至今仍未间断。作为现代
月季的重要品系，丰花月季花色涵盖深红、纯白、黄色、紫色等全部
色系，并有许多美丽的双色花品种；单瓣与重瓣花型均有，虽然不具
备杂交茶香月季高耸的花心，但也别具清新俏丽的风韵。

○ 第二次世界大战之后的月季产业飞跃

　　经历第二次世界大战期间的短暂停滞，世界月季产业在战后迎
来了一轮新的发展高潮。以往，现代月季中始终缺少纯正的橙色和
橙红色，1951年，丰花型品种'独立'（'Independence'）成为现
代月季中第一个真正的橙红色品种。这种独特的颜色来自于天竺葵
色素，它也同样造就了猩红色的天竺葵品种。1960年，德国育种者

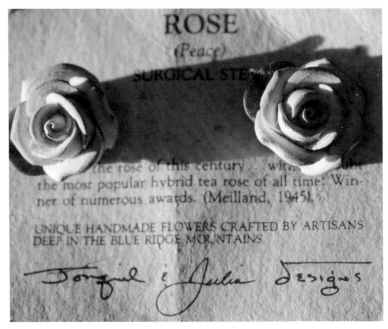

图4-20 '和平'月季在1945年获奖时的名笺

成功培育出第一个橙红色杂交茶香月季品种'Tropicana',进一步弥补了月季的花色空白。

这一时期最富传奇色彩的月季品种,当属法国育种家弗朗西斯·梅昂(Francis Meilland)培育的'和平'('Peace')(图4-20、图4-21、图4-22、图4-23、图4-24)。据说,这一品种在1939年左右育成,为了避免遭受法西斯的破坏,以'3-35-40'的代号将其从法国寄到美国。1945年4月29日,美国太平洋月季协会正式将其命名为'和平',这一天也是联军攻克柏林、希特勒灭亡的日子;5个月后,'和平'月季获全美金奖,日本帝国主义也宣布无条件投降。联合国成立后,在美国旧金山召开第1届会议,美国月季协会秘书长雷奥伦给49位联合国代表每人赠送一支'和平'月季，并在花束上留下附言："我们希望能以此促进维护持久的世界和平。"

现代月季也是美国正式命名的国花。中美两国建交后首位在任时访华的美国总统：罗纳德·里根，在1986年正式宣布了这项命名。

图4-21 '和平'月季

图4-22 '粉和平'月季

图4-23 '蓝和平'月季

图4-24 '红和平'月季

在此之前，油橄榄、雏菊、金盏花甚至玉米花都曾被提名为美国国花，但均未获得通过。1985年，美国参议员约翰·登再次提出将月季作为国花的提案，并得到了肯塔基州女议员林迪·博格斯（Lindy Bogues）的强力支持。她们列举了月季作为国花的十大优势。

第一，从夏威夷群岛到近北极的阿拉斯加州，都能种植月季；

第二，绝大多数美国人懂得欣赏月季；

第三，凡使用罗马字母的语言，都可以很容易念诵和记住月季的名字；

第四，对在美国发现的月季化石的科学研究表明，数百万年前美国一些地方已有蔷薇属植物出现；

第五，月季在春季至霜冻期间都能开花；

第六，月季有各种各样的株型，有几英寸高的微型月季，也有能覆盖高墙的藤本月季；

第七，月季有缤纷亮丽的色彩，美丽的花形和令人欢悦的香味；

第八，虽是多年生花卉，但月季在种植初期就能开出丰满绚丽的花朵；

第九，月季便于栽培，只要适当养护，就能无私地奉献自己美丽的光彩；

第十，不同颜色的月季传递不同的含义和问候——淡粉月季意为赞美；粉色月季代表高贵；深粉月季表示感谢；红色月季象征勇气和爱情；黄色月季象征快乐和喜庆；白色月季象征纯洁。

1986年10月7日，参议院通过了选择月季作为国花的提案，同年11月21日，美国总统里根在白宫的月季园内签署了将月季定为美国国花的公告（图4-25）。

令人感慨的是，里根总统晚年罹患阿尔茨海默氏症（老年痴呆症），忘记了亲人，也失去了独立生活的能力。他的妻子南希虽然也身患乳腺癌，但仍投入全部精力照顾已经完全不认识自己的丈夫。有一天，里根在保镖的陪同下外出散步，他们走到一座月季花盛开的庭院外，里根突然停住了脚步，

图4-25 里根晚年与夫人南希漫步月季园中
（图片来自百度）

试图推开院子的大门。那位保镖以为里根又犯糊涂了，轻轻地将他的手从大门上拿开，并对他说："总统先生，这不是我们的院子，我们该回家了。"没想到里根竟吃力地对保镖说："哦，我……我只是想为我的爱人摘一朵月季。"

参考文献

［1］司马温. 月季新普［M］. 宋代.

［2］王象晋. 二如亭群芳谱［M］. 明代.

［3］刘灏. 广群芳谱［M］. 清代.

［4］余树勋. 月季［M］. 北京：金盾出版社，1992.

［5］张启翔. 中国名花［M］. 昆明：云南人民出版社，1999.

［6］陈俊愉. 花卉品种分类学［M］. 北京：中国林业出版社，2001.

［7］杨百荔. 月季花［M］. 北京：中国建筑工业出版社，2003.

［8］张佐双，等. 中国月季［M］. 北京：中国林业出版社，2005.

［9］陈俊愉. 月季史话［J］. 世界农业，1986（8）：51-53.

［10］谢宗洲. 月季引进品种的名称宜及早审定［J］. 中国花卉盆景，1986（1）：29.

［11］章农. 史话淮阴月季［J］. 中国园林，1988（2）：62-63.

［12］马燕，陈俊愉. 蔷薇属若干花卉的染色体观察［J］. 福建林学院报，1991，11（2）：215-218.

［13］朱仰石. 淮阴古老月季品种初探［J］. 中国园林，1994，

10（2）：51-53.

［14］丛日晨. 月季育种和品种演化［J］. 中国花卉园艺，2001（5）：26-28.

［15］沈荫椿. 现代月季血缘在中国［J］. 中国花卉园艺，2003（2）：16-16.

［16］李玲. 月季的应用与前景［J］. 中国园林，2003，19（5）：56-58.

［17］刘永刚，刘青林. 月季遗传资源的评价与利用［J］. 植物遗传资源学报，2004，5（1）：87-90.

［18］王国良. 中国古老月季演化历程［J］. 中国花卉园艺，2008（Z1）：10-13.

［19］赵世伟，张佐双，许桂花. 中国古老月季的价值［J］. 园林，2008.（12）：122-123.

［20］赵双. 中国古老月季的价值［J］. 湖南林业，2009（4）：33.

［21］李明，等. 中药玫瑰花的本草学考证［J］. 时珍国医国药，2009，20（4）：952-953.

［22］王玲，陈永田. 中国月季与世界园林［J］. 园林科技，2010（1）：22-23.

［23］蹇洪英，张颢，王其刚. 中国古老月季品种的核型研究［J］. 园艺学报，2010，37（1）：83-88.

［24］王璐艳，等. 诗考唐代大明宫的园林植物［J］. 中国农学通报，2011，27（8）：250-253.

［25］杜晓华，等. 月季品种资源的分类与评价［J］. 广东农业科学，2011，38（5）：106-108.

［26］连莉娟，李漫莉，刘青林. 中国现代月季品种的引进、培育及生产［C］. 中国观赏园艺研究进展，2011：353-357.

［27］邱少云，等. 月季育种技术研究进展［J］. 现代园艺，2012（9）：7-8.

［28］唐开学. 云南蔷薇属种质资源研究［A］. 昆明：云南大学，2009.

［29］刘青林，等. 中国月季发展报告第2版［D］. 农业科技与信息（现代园林），2014（5）.

［30］吴丽娟. 月季花文化研究［D］. 北京：中国林业科学院，2014.

［31］刘卓. 十八世纪中国瓷绘西洋植物图像研究［D］. 北京：首都师范大学，2013.

［32］Peter Beales. Classic Roses［M］. Collins Hanill（Printed in China，1985.

［33］Gerd Krussmann. The Complete Book of Roses［M］. Timber Press，1981.

说　明

　　本书目的在于传播我国月季文化，书中有部分图片来自百度图片，已在文中标注。